Inhalt

W0095808

Fast Reader

Wenn es heutzutage um die Bewerbung bei einem Unternehmen geht, kann schnell Verunsicherung aufkommen. Was ist besser: Die klassische Papierbewerbung auf den Postweg zu bringen oder sogar noch persönlich abzugeben – oder besser alle Unterlagen (Anschreiben, Lebenslauf, Anlagen) digitalisiert als E-Mail zu versenden. Vielleicht sollte oder muss man sich sogar (wenn auf den Unternehmenswebseiten vorhanden) tapfer einem Onlineformular stellen, das sich den Bewerbungsinteressenten als Anfangshürde auf den firmeneigenen Karriereseiten anbietet, obwohl man dabei fast nichts Individuelles von sich vermitteln kann?

Unübersehbar, ja unaufhaltbar geht der Trend zur Online-Bewerbung. Trotzdem bevorzugen insbesondere viele mittlere und kleine Unternehmen immer noch die gute alte Bewerbungsmappe. Aber wie lange noch? Denn heute werden schon deutlich mehr als 50 Prozent aller Arbeitsplätze im Internet angeboten, und auf der Arbeitsplatz-Anbieterseite, sprich bei den Unternehmen, erwartet man Ihre digitale Bewerbung (kurz: E-Bewerbung) in vielen Fällen sogar.

Um in dieser Entscheidungsfrage auf Nummer sicher zu gehen, sind interessierte Bewerber* gut beraten, sich vorher schlau zu machen und das für ihre Bewerbungsunterlagen ausgewählte Unternehmen vorab (z. B. telefonisch oder per E-Mail) zu fragen, welche Art von Bewerbung erwünscht ist.

Unterschiede und Vorlieben im Bewerbungsverfahren und beim Einstellungsprozess sind an der Tagesordnung. Bei jedem Unternehmen durchläuft der Bewerber eine andere Art und Zahl an Rekrutierungsstufen und Auswahlverfahren. Aber ganz gleich, ob in Papierform oder digital: Die Grundregeln einer guten Bewerbung zu

---

* Wenn im Folgenden überwiegend die männliche Form verwendet wird, dann wirklich ausschließlich, um den Lesefluss zu erleichtern.

begreifen und erfolgreich umzusetzen ist in jedem Fall unabding-
bar und ist auch zentraler Gegenstand dieses Buches. Der Schwerpunkt jedoch liegt auf dem Umgang mit den neuen E-Bewerbungs-
wegen.

Zusatzmaterialien im Internet

Unter **www.berufsstrategie-exakt.de** finden Sie weitere nützliche
Hinweise und Beispiele, die Ihnen zeigen, worauf es ankommt. Beispielsweise präsentieren wir Ihnen hier:

> Tests zu Ihrer Selbsteinschätzung
> Leitfragen zu Ihrer beruflichen sowie persönlichen Standortbe-
  stimmung
> Wie Arbeitgeber sich im Bewerbungsprozess auch ein Bild von
  Ihnen machen
> Beispiele zu Deckblatt, Dritter Seite und Anlagenverzeichnis

Ihr Einstieg ins
Online-Bewerben

Bitte bloß keine Bewerbungsmappe!

Immer mehr Firmen schreiben ihre zu besetzenden Arbeitsplätze im Internet aus, sei es auf der eigenen Unternehmenshomepage oder in Jobbörsen. Und immer weniger Bewerber basteln sich eine papierene Mappe, sie schicken ihre Unterlagen einfach digital los. Knapp zwei Drittel der Stellenbesetzungen bei großen Unternehmen gehen mittlerweile auf Onlineverfahren zurück, wie eine Studie des Instituts für Wirtschaftsinformatik der Uni Frankfurt am Main ergab. Die Vorteile liegen auf der Hand: Die Abwicklung über das Internet ist für beide Seiten günstiger, man spart auf Bewerberseite Arbeitsaufwand, Material und Porto, und bei den Firmen sinkt der Verwaltungsaufwand. Doch genau die vergleichsweise kostengünstige und einfache Handhabung verführt zur Schludrigkeit. Die individuelle Präsentation bleibt schnell auf der Strecke, ebenso der letzte, kritisch prüfende Blick auf die digitalisierten Unterlagen. Wen wundert es da, dass mehr als 70 Prozent der Unternehmen feststellen, dass Online-Bewerbungen im Vergleich zu klassischen papierenen Mappen von schlechter Qualität sind?

Noch vor wenigen Jahren diente die E-Bewerbung eher zur Vorsortierung von Bewerbern und war kein ernst zu nehmendes Auswahlkriterium. Doch das hat sich mittlerweile grundlegend geändert! Immer mehr Branchen sehen ihre Vorteile jetzt in E- und Online-Bewerbungen. Bei der momentanen Entwicklung scheint es sogar so auszusehen, als stünde die klassische schriftliche Bewerbung früher oder später vor dem Aus. In nicht wenigen Unternehmen führt ausschließlich der E-Weg oder das Onlineverfahren die Bewerber in die Personalabteilung. Papierene Bewerbungsunterlagen in dicken Umschlägen werden postwendend zurückgeschickt. So vergeben angeblich die Deutsche Bank und Siemens Studentenjobs, Trainee- und Ausbildungsplätze ausschließlich an Kandidaten, die sich auf dem E-Weg bewerben.

E-Bewerben – so geht's!

Denkt man an das Stichwort „E-Bewerbung", so verbindet man damit häufig lediglich das Bewerben über das Internet per E-Mail oder Onlineformular. Dabei ist das Thema vielschichtiger, denn das Internet bzw. der PC mit entsprechender Software fungiert nicht nur als bloßes Transportmittel für eine landläufige schriftliche Bewerbung. Es ist in verschiedenster Form nützlich bei der Vorbereitung und Durchführung einer perfekten Bewerbung.

Wenn es ums E-Bewerben geht, vergisst man allzu schnell das gute alte Telefon. Schade! Dabei kann dieses Medium Ihre E-Bewerbung gut ergänzen, denn es muss nicht immer gleich das eigene Video sein oder die raffiniert gemachte PowerPoint-Präsentation, die Sie als Bewerber ins richtige Licht setzen. Allerdings wäre eine eigene Homepage oder ein selbst erstellter Podcast schon sehr interessant ...

Wir zeigen Ihnen hier, wie Sie die verschiedensten E-Tools (Werkzeuge!) vor, während und nach Ihrer Bewerbung optimal nutzen und überzeugend einsetzen. Schwerpunkte sind dabei insbesondere das Internet, die E-Mail- und Online-Bewerbung, aber auch E-Selbstmarketing und E-Recherche.

Doch ganz unabhängig davon, wie Sie Kontakt aufnehmen und welche Form Sie im Endeffekt wählen, Sie brauchen nach wie vor ein fundiertes Basiswissen über die Möglichkeiten, wie Sie sich und Ihren beruflichen Werdegang, wie Sie Ihre besonderen Kompetenzen, Ihre hohe Motivation und Ihre Wesensart darstellen wollen. Dazu mehr auf den folgenden Buchseiten ...

Ihre optimale Vorbereitung

Selbsteinschätzung, Analyse, Reflexion

Dieser Abschnitt wird Ihnen helfen, unabhängig von der Form, *wie* Sie sich bewerben (egal ob Sie sich online oder klassisch schriftlich bewerben), sich selbst besser einzuschätzen und Ihren persönlichen Standort zu bestimmen. Nehmen Sie sich etwas Zeit und stellen Sie sich den folgenden Fragen:

> Welche Werte habe ich?
> Was für ein Mensch bin ich?
> Was kann ich?
> Was tue ich gern?
> Was will ich?

Durch die Beantwortung dieser Fragen erlangen Sie wichtige Erkenntnisse über Ihre **Persönlichkeit**, Ihre **Leistungsmotivation**, Ihre **Kompetenz**, aber auch Ihre Zielvorstellungen und Chancen. Dieses Wissen wird Sie dabei unterstützen, den Arbeitsplatz zu finden, der zu Ihnen passt und der sich in Ihre Lebenszielplanung optimal integriert.

Welche Werte habe ich?

Hier geht es um Ihre grundlegende Einstellung zum Leben, um Ihre Wertvorstellungen und Motive. Notieren Sie, ...

> was für Sie im Leben wichtig ist,
> welche Werte und Ziele Sie haben,
> was Sie antreibt, welche Motive Sie mit Ihrer Arbeit verbinden,
> worin Sie den speziellen Sinn Ihres (Berufs-)Lebens sehen.

Wichtig! Wählen Sie aus diesen Kriterien alle die Punkte aus, die Ihnen für Ihren nächsten Arbeitsplatz wichtig oder sogar unverzichtbar erscheinen.

Fragen Sie sich, ob Sie im Zusammenhang mit Ihrem Job deutliche Anerkennung, Respekt, materielle Sicherheit oder Unabhängigkeit anstreben; ob es Ihnen um Macht und Einfluss geht, um Kontakte zu anderen Menschen oder um geistige Anregungen. Nur so können Sie ermitteln, was Sie langfristig motiviert und zufrieden macht.

Beispiele Wenn Sie mittelfristig mehr Freizeit anstreben, um sich Ihrer Familie zu widmen, wäre eine Bewerbung in einer kleinen Werbeagentur weniger sinnvoll. Hier sind Sie zwar in einem kreativen, herausfordernden Umfeld tätig, dennoch sind Ihre Arbeitszeiten vermutlich unregelmäßig und Ihr persönlicher Einsatz sicher extrem hoch. Wenn Sie Umweltschutz wichtig finden und aus Überzeugung stets Bioprodukte kaufen, sollten Sie überlegen, ob Sie in der Chemiebranche wirklich glücklich werden. Eine Bewerbung im öffentlichen Dienst hingegen macht wenig Sinn, wenn es Ihnen um Anerkennung Ihrer Leistungen geht und wenn Sie schnell Karriere machen wollen, um deutlich Einfluss ausüben zu können.

Was für ein Mensch bin ich?

Jetzt geht es darum, Ihre Persönlichkeit, Ihren Charakter und damit verbundene Eigenschaften, aber auch Fähigkeiten näher zu bestimmen. Benennen Sie zum Einstieg in diesen Fragenkomplex innerhalb einer Minute spontan drei Adjektive, die wichtige Merkmale Ihrer Persönlichkeit zutreffend charakterisieren. Bitte ergänzen Sie:

Ich bin:

1. _____
2. _____
3. _____

Beschreiben diese Adjektive wirklich zentrale Eigenschaften Ihrer Persönlichkeit? Und können Sie sich einer anderen Person mit dieser spontanen Auswahl stimmig präsentieren?
Wenn Sie sich über die Frage „Was für ein Mensch bin ich?" Gedanken machen, werden Sie merken, dass sich Ihre Ausgangsposition festigt und Sie besser wissen, was beruflich zu Ihnen passt und was

nicht. Denken Sie daran: Sie müssen bei dieser Selbstbeurteilungs-
liste nicht gut abschneiden und sich niemandem gegenüber recht-
fertigen. Es geht allein um Ihre persönliche Einschätzung.

Was kann ich?

Nun steht die Klärung Ihrer vorhandenen „Zutaten", Ihrer beruflichen und außerberuflichen Fähigkeiten und Fertigkeiten im Vordergrund:

> Welches sind Ihre wichtigsten Fähigkeiten für die Position, die
  Sie anstreben?
> Was können Sie richtig gut, wo liegen Ihre besonderen Stärken?
> Auf welchen Gebieten vermuten Sie fachliche und persönliche
  Defizite und warum?
> Durch welche besonderen Aktivitäten zeichnen Sie sich in Ihrer
  Freizeit aus?
> Auf welchen Gebieten möchten Sie sich verbessern oder stärker
  engagieren?

Unterscheiden Sie bei der Beantwortung dieser Fragen berufliche
und außerberufliche Fähigkeiten. Zu den beruflichen Fähigkeiten
zählen beispielsweise Ausbildung, Spezialkenntnisse, Berufserfahrung, bisherige berufliche Aufgabengebiete, berufliche Kenntnisse
und Interessen, darüber hinausgehende Weiterbildungsmaßnahmen, Projekte und bisherige Erfolge. Zu den außerberuflichen Fähigkeiten zählen pädagogische Fähigkeiten, Sprachkenntnisse, soziale Kompetenz und soziales Engagement, politische Tätigkeiten,
handwerkliches Talent, technisches Verständnis, künstlerisch-musi-
sche Begabung sowie sportliches Können.

Ihre Stärken Sie gewinnen am leichtesten einen Überblick über
Ihre Möglichkeiten, wenn Sie Ihre beruflichen und außerberuflichen
Fähigkeiten getrennt analysieren. Dennoch gehören beide Bereiche
zusammen. Z. B. weist eine Vorliebe für Schachspielen auf Ihren lo-

gisch-analytischen Verstand hin und prädestiniert Sie für eine entsprechende Tätigkeit.

Wir haben für Sie unter **www.berufsstrategie-exakt.de** eine Tabelle bereitgestellt, die Sie bitte zuerst selbst ausfüllen und später eventuell anderen Personen vorlegen, damit diese Sie beurteilen.

Auch hier sollten Sie, wie bei den Eigenschaften aus dem Abschnitt „Was für ein Mensch bin ich?", die Ihrer Meinung nach für das von Ihnen angestrebte Aufgabengebiet wichtigsten Fähigkeiten ankreuzen. Markieren Sie mit einem andersfarbigen Stift auch die Merkmale, von denen Sie denken, dass Ihr Arbeitgeber sie sich wünscht. Überlegen Sie, bei welchen Gelegenheiten Sie diese Qualifikationen schon unter Beweis gestellt haben.

Die Bearbeitung dieser Liste führt zu einem besseren Selbstbewusstsein und ermöglicht ein gezieltes Arbeiten an den zutage getretenen Defiziten, wenngleich der weitere Ausbau Ihrer Fähigkeiten unbedingt im Vordergrund stehen sollte!

Was mache ich gern?

Bei diesem Punkt geht es um die Frage, welche Ihrer vorhandenen Fähigkeiten Sie gern einsetzen. Sie werden auf Dauer nicht glücklich, wenn Sie einen Job ausüben, den Sie zwar gut beherrschen, der Ihnen jedoch keine Freude bringt. Wenn Sie sich beruflich neu orientieren, sollten Sie stets Ihre Interessen und Neigungen berücksichtigen, sonst wird es Ihnen an Engagement und Enthusiasmus fehlen. Fragen Sie sich deshalb also bei allen Fähigkeiten und Eigenschaften, die Sie sich selbst zuschreiben, ob Sie diese auch gern anwenden. Sie erzielen gute Verhandlungserfolge, fühlen sich jedoch von der Situation gestresst und anschließend ausgepowert? Sie mögen es nicht, im Privatleben um jeden Preis zu feilschen? Ein Zeichen dafür, dass Sie diese Tätigkeit in Ihrem Job nicht auf Dauer ausüben sollten. Umkreisen Sie daher wieder mit einem Stift die Merkmale, an deren Ausübung Sie wirklich Spaß haben, und prüfen Sie, ob es Übereinstimmungen mit dem gewünschten Jobprofil gibt.

Was will ich?

Klare Ziele zu haben setzt enorme Kräfte in Ihrer Psyche frei, beflügelt Ihre Fantasie und hilft Ihnen durchzuhalten. Wenn Sie ein Ziel vor Augen haben, werden Sie sich automatisch in diese Richtung bewegen. Widmen Sie daher dieser Frage entsprechend viel Aufmerksamkeit und Zeit und beantworten Sie diese wieder getrennt nach persönlichem und beruflichem Bereich.

Leitfragen zur beruflichen Situation

> Was haben Sie bisher beruflich/in der Ausbildung erreicht?
> Was haben Sie bisher trotz Ihrer Vorsätze beruflich nicht erreicht und warum?
> Was missfällt Ihnen an Ihrer jetzigen beruflichen Situation?

Leitfragen zur persönlichen Situation

> Was haben Sie bisher in Ihrem Leben erreicht?
> Was haben Sie bisher trotz guter Vorsätze nicht erreicht und warum?
> Was missfällt Ihnen an Ihrer jetzigen persönlichen Situation?

Unter **www.berufsstrategie-exakt.de** finden Sie weitere Fragen zur beruflichen und persönlichen Standortbestimmung. Versuchen Sie, aus der schriftlichen Beantwortung jeder einzelnen Frage Schlüsselwörter zu entwickeln, die Ihr Ziel kurz und prägnant beschreiben. Abstrahieren, verkürzen und vereinfachen Sie gegebenenfalls, und bringen Sie die für Sie ganz persönlich wichtigen Dinge „auf den Punkt".

Erstellen Sie eine Rangfolge Ihrer Zielvorstellungen; sie ermöglicht Ihnen, Prioritäten zu erkennen und Schwerpunkte zu bilden. Diese persönliche und berufliche Situationsanalyse verschafft Ihnen Klarheit und hilft bei der Abwägung von Gründen für oder gegen einen Arbeitsplatz. Wichtig dabei ist die neu gewonnene Ausdrucksfähigkeit bezüglich der Frage „Was will ich, was ist wichtig für mich?".

Job-Suchstrategien

Bevor Sie sich bewerben, gilt es genau zu analysieren, in welchem Tätigkeitsfeld Sie aktiv werden wollen, in welcher Branche, für welche Position, mit welchen Aufgaben. Dabei hilft Ihnen die auf den vorherigen Seiten beschriebene Selbsteinschätzung, Analyse und Reflexion.

Ziele definieren

Machen Sie sich klar, wie Ihr Wunschunternehmen aussieht: Ist es ein kleines Unternehmen, in dem Ihr Chef auch der Inhaber ist und vielleicht noch weitere Familienmitglieder beschäftigt sind, ist es ein Mittelständler mit kurzen Entscheidungswegen und breit angelegtem Aufgabenfeld oder ein internationaler Konzern, bei dem die Möglichkeit besteht, einmal ins Ausland entsandt zu werden? Sind Sie flexibel, was den Arbeitsort betrifft, oder kommt nur eine Firma an Ihrem Wohnort infrage? Wenn Sie Führungskraft werden wollen, gibt es dazu in dem von Ihnen ausgewählten Unternehmen die Möglichkeit? Wollen Sie in Ihrem bisherigen Aufgabengebiet tätig bleiben oder reizt Sie etwas Neues? Möchten Sie in einem kreativen, jungen Umfeld arbeiten oder bevorzugen Sie ein klassisch strukturiertes? Streben Sie einen Branchenwechsel an oder möchten Sie zu einem Wettbewerbsunternehmen wechseln? Viele Fragen, die Sie zunächst klären sollten, bevor Sie mit dem eigentlichen Bewerbungsprozess starten.

Tipp

Analysieren Sie intensiv Stellenanzeigen. Hier wird oft präzise formuliert, um welche Art von Tätigkeit und Umfeld es sich handelt. Dabei können Sie in sich hineinhorchen und feststellen, was Sie anspricht und warum. Die Kriterien, die Sie für sich als wichtig erachten, schreiben Sie auf. So finden Sie nach und nach heraus, was Sie wollen, und welche Arbeitgeber für Sie und Ihre Bedürfnisse und Vorstellungen infrage kommen.

Haben Sie ermittelt, welche Position Sie genau anstreben, gibt es verschiedene Wege, um mit geeigneten Arbeitgebern in Kontakt zu treten. Sie können ...

> Ihr Netzwerk, Freunde und Bekannte kontaktieren und kommunizieren, was Sie suchen,
> im Internet auf Stellenanzeigen z. B. bei Jobbörsen antworten,
> eigene Stellengesuche oder Profile bei Jobbörsen hinterlegen,
> auf Stellenangebote in Zeitungen/Zeitschriften antworten,
> sich initiativ bei Unternehmen Ihrer Wahl bewerben,
> eigene Stellengesuche aufgeben,
> Ihre Unterlagen bei Personalberatern platzieren.

Recherchen starten

Immer mehr Unternehmen nutzen das Internet, um neue Mitarbeiter anzuwerben. Über 95 Prozent der 1 000 größten deutschen Unternehmen veröffentlichen ihre Stellenausschreibungen (auch) auf der eigenen Homepage. Über 70 Prozent der Unternehmen nutzen regelmäßig die kommerziellen Jobbörsen im Internet. Und wer seinen potenziellen Arbeitgeber bereits kennt, findet auf der firmeneigenen Homepage neben aktuellen Jobangeboten auch interessante Informationen über neue Projekte, Firmenphilosophie oder Mitarbeiterzahlen. Für jede Werbeagentur ist klar: Je mehr sie über ihre Kunden und deren Vorstellungen und Wünsche weiß, desto besser kann sie sie zufriedenstellen. Jeder Kunde muss den Eindruck gewinnen, dass man für genau seine Bedürfnisse eine passende Lösung parat hat.

Stellen Sie sich vor, Sie selbst sind eine Werbeagentur: Sie wollen Ihren Kunden überzeugen, dass gerade Sie und nur Sie seine Bedürfnisse richtig erkannt haben und voll befriedigen können. Sie wissen, was er von Ihnen erwartet. Versuchen Sie, optimal ins Firmenprofil zu passen! Das bedeutet: so viel wie möglich über Ihren Kunden, Ihren künftigen Auftraggeber, herauszufinden.

Informationen über den zukünftigen Arbeitgeber finden Sie im Internet, in speziellen Nachschlagewerken, in der Fachliteratur und in Zeitschriften. Fordern Sie auch – eventuell unter dem Namen eines Freundes – Informationsmaterial an, oder bitten Sie telefonisch um Auskünfte, bei größeren Unternehmen um Geschäftsberichte, Presseinformationen oder Organigramme (Darstellungen der Struktur einer Firma). Auch alle Arten von Messen sind gute berufliche Informations- und Kontaktbörsen. Nutzen Sie ferner die Hilfe von Experten, nehmen Sie Angebote von Personalberatungen oder Bewerbungsberatern wahr. Denken Sie auch an die Kammern von Industrie, Handel und Handwerk bis hin zu besonderen Interessenvertretungen.

Wir stellen Ihnen fünf Situationen vor, in denen Sie das Internet für Ihre Bewerbung gezielt nutzen können:

1. die Suche nach Informationen über Arbeitgeber
2. die Suche nach Stellenangeboten aus Zeitungen/Zeitschriften
3. die Suche nach Stellenangeboten auf den Seiten der Firmen
4. die Suche und eigene Platzierung auf virtuellen Arbeitsmärkten
5. und, zunehmend wichtiger: die digitale Kontaktaufnahme

1. Recherchieren von Informationen über einen Arbeitgeber

Egal, ob Sie sich bei einem Unternehmen bewerben wollen oder bereits zum Vorstellungsgespräch eingeladen sind – das Internet bietet hervorragende Informationsmöglichkeiten.

Checkliste: Die wichtigsten Recherchefragen

- ☐ Wie groß, wie alt ist das Unternehmen?
- ☐ Welche Standorte gibt es, was wird dort gemacht?
- ☐ Sind Umsatzzahlen bekannt?
- ☐ Wie viele Mitarbeiter gibt es?
- ☐ Wird eine Firmenphilosophie dargestellt?
- ☐ Wie werden Kunden angesprochen?

- [ ] Ist die Homepage technisch auf dem neuesten Stand?
- [ ] Werden aktuelle oder veraltete Informationen angeboten?
- [ ] Welche Mitbewerber/Konkurrenten hat das Unternehmen?
- [ ] Welchen Ruf genießt das Unternehmen, seine Produkte/Dienstleistungen/gegebenenfalls die Aktien?
- [ ] Was wurde bisher über das Unternehmen berichtet? (Hierzu nicht nur auf der unternehmenseigenen Seite recherchieren!)
- [ ] Was gibt es an aktuellen Ereignissen, Entwicklungen, die für dieses Unternehmen relevant sind?

Lesen Sie unter **www.berufsstrategie-exakt.de**, wie Arbeitgeber sich im Bewerbungsprozess auch ein Bild von Ihnen machen.

2. Stellenangebote in Zeitungen

Die Suche nach Stellenanzeigen im Netz erspart oft den Zeitungskauf. Man findet die Anzeigen dort mit etwas Zeitverzögerung kostenfrei. Achten Sie aber trotzdem darauf, dass die Stellenanzeigen halbwegs aktuell sind (möglichst nicht älter als drei Wochen)!

Wenn Sie genau wissen, in welcher Branche Sie arbeiten wollen, sehen Sie sich außerdem in den entsprechenden Fachpublikationen um. Sie finden auch diese per Suchmaschine.

Hier ein paar Beispiele für Online-Stellenmärkte:

Süddeutsche Zeitung	http://stellenmarkt.sueddeutsche.de
Handelsblatt	http://karriere.handelsblatt.com
Frankfurter Allgemeine Zeitung	http://fazjob.net
Die Zeit	www.jobs.zeit.de
Tagesspiegel	http://karriere.tagesspiegel.de

3. Stellenangebote bei Firmen

Viele Firmen haben eigene Jobseiten auf ihren Homepages. Viele sind aktuell und seriös platziert, einige jedoch aus Imagegründen gefüllt, nach dem Motto: „Uns geht es wirtschaftlich so gut, dass wir immer Leute einstellen können."

Immer häufiger finden Sie dort Bewerbungsformulare, die Sie direkt am Computer ausfüllen können. Die erste Auswahl trifft dabei oft

ein Computer. Wenn Sie postwendend die Mitteilung erhalten, dass man Sie nicht einladen und näher kennenlernen möchte, Sie aber sicher sind, dass Sie für die Position geeignet sind, sollten Sie den persönlichen telefonischen Kontakt versuchen oder eine schriftliche Kurzbewerbung per Post verschicken (siehe Seite 146). Eine Kontaktadresse/Telefonnummer des Ansprechpartners finden Sie oft auf der entsprechenden Internetseite oder Sie können diese durch einen Telefonanruf ermitteln.

4. Arbeitsmärkte im Internet

Inzwischen gibt es Hunderte von Adressen, unter denen Unternehmen und Institutionen Stellen anbieten. Viele dieser Anbieter haben sich auf einen bestimmten Bereich spezialisiert.

Manche Jobbörsen bieten den Bewerbern (eventuell gegen eine Gebühr) an, ihre „Lebensläufe" abzubilden, sodass auch Arbeitsplatzanbieter die Profile der einzelnen Bewerber einsehen können.

Detailliert beschäftigen wir uns mit dem Thema unter „Virtuelle Stellenbörsen" ab Seite 30.

5. Digitale Kontaktaufnahme

Per E-Mail können Sie sehr schnell Kontakt mit einem zuständigen Fach- oder Personalabteilungsmitarbeiter eines Ihrer Wunscharbeitgeber aufnehmen oder direkt Ihre Online-Bewerbung versenden.

Für eine solche Kontaktaufnahme gibt es keinen allgemein verbindlichen Standard. Recherchieren Sie daher auf der jeweiligen Homepage, was das Unternehmen wünscht. Vor allem bei Großunternehmen gibt es Bewerbungsformulare zum direkten Ausfüllen für Bewerber, andere Firmen bevorzugen eine E-Mail-Bewerbung mit Anhang (Word- oder PDF-Datei) oder ohne. Lesen Sie zu diesen Formen der Bewerbung mehr ab Seite 45 und 121.

Beziehungen nutzen

Kontakte sind das A und O in der Arbeitswelt. Mehr als 30 Prozent der deutschen Arbeitnehmer finden einen neuen Job durch die Vermittlung von Bekannten, Freunden, Verwandten, Nachbarn oder Ex-Kollegen. Sie verfügen nicht über die richtigen Beziehungen? Dann sorgen Sie dafür, dass diese entstehen.

Tipp

Der sicherste Weg zum Vorstellungsgespräch führt über Bekannte, oder über Bekannte von Bekannten, die Ihren Wunsch-Arbeitgeber kennen.

Jede Person, die Sie zu Ihrem Bekanntenkreis zählen, kommt als Kontakt infrage. Jedes Familienmitglied. Jeder Ihrer Freunde. Jeder Händler oder Verkäufer, der Ihnen begegnet. Jeder Handwerker, der in Ihrer Wohnung etwas repariert. Jedes Mitglied Ihres Sportvereins. Jeder Lehrer, der Sie einmal unterrichtet hat. Jede Person, der Sie vorgestellt werden. Jeder, dem Sie während Ihrer Arbeitsuche begegnen. Überlegen Sie, wen Sie gezielt ansprechen könnten. Stellen Sie eine Liste zusammen – am besten sofort.

Nutzen Sie Ihre persönlichen und beruflichen Kontakte: Je mehr Menschen wissen, dass Sie einen Arbeitsplatz suchen, desto schneller werden Sie einen finden. Bitten Sie Freunde, Verwandte und auch (ehemalige) Arbeitskollegen und Bekannte um Unterstützung und gezielte Hinweise. Bestimmt weiß jemand, wo Leute mit Ihren Fähigkeiten eingestellt werden, oder kennt Firmen- oder Personalchefs, mit denen Sie sprechen könnten. Formulieren Sie möglichst genau, wobei Sie Hilfe benötigen, und beschäftigen Sie Ihre Freunde und Bekannten nicht mit ungenauen Fragen wie: „Thomas, ich bin arbeitslos. Wenn du irgendetwas hörst, sag mir bitte Bescheid." Damit kann niemand etwas anfangen. Finden Sie heraus, welcher Job Sie genau interessiert, und haken Sie gezielt nach, wie etwa: „Ich bin arbeitsuchend und würde gern wieder in der Versicherungsbranche als Außendienstmitarbeiter anfangen, möglichst hier in München. Wenn du etwas hörst, sag doch bitte gleich Bescheid. Ich könnte sofort starten."

Wichtig! Wenn Sie andere um Hilfe bei der Jobsuche bitten, sollten Sie zum Schluss immer erklären: „Und wenn ich etwas für dich tun kann, sag mir bitte Bescheid." Überlegen Sie aktiv, wie Sie Ihrem Netzwerk nutzen, mit welchem Gefallen Sie sich revanchieren könnten – auch außerhalb der Arbeitswelt. Suchen Sie ferner in regelmäßigen Abständen den Kontakt und melden Sie sich nicht nur, wenn Sie Hilfe brauchen. Nicht immer ist ein persönliches Treffen machbar, auch mit kurzen Telefonaten, E-Mails oder SMS können Sie Ihr Gegenüber auf dem Laufenden halten. Informieren Sie Ihre Freunde möglichst regelmäßig über die Fortschritte bei Ihren Bewerbungsaktivitäten.

Stellenangebote finden

In fast allen Printmedien (Tages-, Wochenzeitungen, Fachpresse), insbesondere auch im Internet bei Jobbörsen und auf den Unternehmenshomepages selbst, finden Sie heute Stellenangebote. Es lassen sich generell drei Varianten von Anzeigen unterscheiden:

1. Anzeigen, die eine direkte Kontaktaufnahme mit dem potenziellen Arbeitgeber ermöglichen
2. Anzeigen, bei denen eine Personalberatungsfirma zwischengeschaltet ist, die im Auftrag des Arbeitgebers die Bewerberauswahl übernimmt
3. Anzeigen, deren Auftraggeber inkognito bleibt und nur über Chiffrezuschrift an die Zeitung oder über einen Internetdienstleister erreicht werden kann

Entscheidend für Sie als Bewerber ist die Frage: Passe ich mit meinem Profil auf die ausgeschriebene Position und zu dem Unternehmen?

Inhaltlich gliedern sich Stellenanzeigen in	
eine Firmenpräsentation	wer sucht?
das konkrete Stellenangebot	für welche Tätigkeit?
die Anforderungen	wen, mit welchen Qualifikationen?
eventuell Hinweise auf die Vergütung, Einstellungsdatum, Aufstiegschancen, Arbeitszeiten, etc.	zu welchen Bedingungen?
die Art der gewünschten Kontaktaufnahme	vollständige Bewerbungsunterlagen, E-Mail-Bewerbung etc.

Grundsätzlich fordern die meisten Unternehmen neben den sogenannten *Hard Skills* auch *Soft Skills*. Zu den harten Fakten zählen z. B. Ausbildungen und Bildungsabschlüsse (Tischler, Buchhalterin, Diplom-Ingenieur, Betriebswirtin, Mediziner etc.) oder eine entsprechende Berufserfahrung. Zu den weichen Kriterien gehören soziale Kompetenzen wie Kommunikationsfähigkeit oder Teamorientierung.

Zu den *Hard Skills* (harte Fakten) gehören z. B.:

> spezielles Fachwissen
> besondere Berufserfahrung
> Mitarbeiterführungsverantwortung
> EDV-Kenntnisse
> Sprachen
> Auslandserfahrung

Zu den *Soft Skills* (weiche Kriterien) gehören z. B.:

> soziale Kompetenz
> selbstständiges Arbeiten
> Kundenorientierung
> Team- und Projektarbeit
> Belastbarkeit, Kritikfähigkeit
> Lernfähigkeit

Die Anforderungen lassen sich dabei in Muss- und Soll-Kriterien unterteilen. Formuliert das Stellenangebot für die harten Fakten ausdrücklich „Voraussetzung ist ..." oder „Erwartet wird ...", sollte das Profil des Bewerbers nicht allzu weit vom Geforderten abweichen. „Haben Sie außerdem noch ..." signalisiert deutlich: „Wir bevorzugen Bewerber, die dieses Kriterium erfüllen."

Faustregel: Ob Tageszeitung, Fachjournal oder Online-Jobbörse – ein Angebot kommt dann für Sie infrage, wenn Sie mindestens 60 Prozent der gestellten Anforderungen erfüllen.

Wichtig! So analysieren Sie Stellenanzeigen und -angebote richtig: Mit einer Stellenanzeige wirbt ein Unternehmen um Aufmerksamkeit und um Mitarbeit. Manche Unternehmen bringen in ihrer Anzeige präzise zum Ausdruck, was sie suchen und anzubieten haben, andere texten nebulös oder unrealistisch. Lassen Sie sich also weder von den guten noch von den schlechten Anzeigen zu sehr in die eine oder andere Richtung (zu optimistisch, zu pessimistisch) beeinflussen. Denn jetzt sind Sie in der Position, zu beurteilen und auszuwählen.

Nach diesen Kriterien können Sie Ihren Analyse- und Auswahlprozess steuern:

> Wie wirkt die Anzeige auf Sie (Format, Gestaltung, Text)?
> Um was für ein Unternehmen handelt es sich (kleiner Betrieb, Mittelständler, Konzern, öffentlicher Dienst)?
> Wie stellt sich das Unternehmen dar (modern, international, konservativ)?
> Was wird zu den Produkten oder Dienstleistungen ausgesagt?
> Ist eine Unternehmensphilosophie erkennbar?
> Können Sie mit der Aufgabenbeschreibung und dem zukünftigen Tätigkeitsfeld etwas anfangen?
> Sind die beruflichen und persönlichen Anforderungen an den Bewerber klar zu identifizieren?
> Wird nach Muss-, Soll- und Kann-Anforderungen unterschieden?

- > Werden berufliche Spezialkenntnisse verlangt?
- > Werden besondere Persönlichkeitsmerkmale angesprochen?
- > Welche Anforderungen (fachlich wie persönlich) erfüllen Sie?
- > Welche Anforderungen werden Sie in naher Zukunft erfüllen können?
- > Welche Anforderungen erfüllen Sie nicht und warum nicht?
- > Was wird dem zukünftigen Mitarbeiter geboten?
- > Wie sind diese Kriterien geregelt: Erfahrung, Mindest- oder Höchstalter, Arbeitszeit, Mobilität, Fortbildung, Entwicklungschancen?
- > Und diese: Bewerbungsfrist, Bezahlung, Eintrittstermin, Einarbeitung?
- > Können Sie sich eine Mitarbeit in dem Unternehmen vorstellen?
- > Können Sie sich eine Bewerbung für diese Stelle/Position vorstellen?
- > Was könnten Sie dem Unternehmen sowohl in fachlicher als auch in persönlicher Hinsicht anbieten?
- > Was wissen Sie bereits über das Unternehmen und wo können Sie weitere Information erhalten?
- > Sind in der Anzeige Ansprechpartner, Adresse, Telefonnummer, Homepage benannt?
- > Verspüren Sie Lust und macht es Sinn, sich mit der Anzeige und weiteren Recherchen zu beschäftigen? Warum ja, warum nein?

Lassen Sie sich als Anfänger und Einsteiger weder blenden noch zu schnell von Anzeigenformaten und „ausführlichsten" Anforderungen entmutigen. Hier gilt das Gleiche wie für Sie als Bewerber: Ein schlechter Text bedeutet nicht automatisch eine schlechte Firma bzw. Aufgabe und umgekehrt, ein guter Text ist keine Garantie, dass die Arbeitswirklichkeit auch so aussieht.

Ihre Stellen-
suche im Internet

Virtuelle Stellenbörsen

Virtuelle Stellenbörsen lenken die sonst übliche Anzeigenflut sozusagen in ein übersichtliches Kanalsystem und bieten dem Stellensuchenden in den meisten Fällen eine klar strukturierte Seite, in der er über eine eigene Suchmaske über eine Stichwort-Funktion schnell und unkompliziert die für ihn geeigneten Stellen angezeigt bekommt. Dabei kann er gleichzeitig nach Branchen, Regionen, Art der Stelle und Hierarchiewünschen, mit Führungsposition oder ohne suchen. Ebenso unkompliziert kann man so auch nach Jobs aus dem Ausland „fahnden".

Viele Stellenbörsen liefern mittlerweile noch erweiterte Dienstleistungen, die über die eigentliche Funktion des Vermittelns zwischen Arbeitgeber und Arbeitnehmer hinausgehen. In Kooperation mit Experten liefert die Stellenbörse ihren Besuchern Wissenswertes rund um die Bewerbung – beispielsweise zu den Themen Berufswahl, Lebenslauf, perfektes Anschreiben, Vorstellungsgespräch etc. In einer Art Pool werden komplette Bewerberprofile gespeichert, auf die potenzielle Arbeitgeber jederzeit Zugriff haben. Sie können sich dann über die Stellenbörse mit dem Bewerber in Verbindung setzen. Sie als Bewerber erhalten in regelmäßigen Newsletter-Mails Stellenangebote zugeschickt, die auf Ihr Profil passen.

Die Bewerberprofile in einer Stellenbörse sind verschlüsselt und nur durch ein Passwort einzusehen. Änderungen können Sie schnell und unproblematisch vornehmen. Diese Möglichkeit sollten Sie als Bewerber dringend nutzen, um mit Ihrer Bewerbung immer auf dem neuesten Stand zu sein. Alle positiven Veränderungen in Ihrer beruflichen Vita (wie z. B. der Erwerb eines Weiterbildungszertifikats) erhöhen schließlich Ihre Chancen.

Die Aufmachung der Stellenanzeigen ist unterschiedlich. So gibt es Stellenbörsen, die lediglich die Printversion einer Anzeige ins Netz

setzen. Andere Stellenbörsen übertragen die Daten und Wünsche der Arbeitgeber in ihr eigenes Layout.

Sehr wichtig ist der Button „Hier online bewerben" oder ähnlich. Ein Bewerber wird auf diese Weise direkt auf ein Onlineformular geleitet, mit dessen Hilfe er sich unmittelbar – sozusagen von der Stellenanzeige weg – auf eine interessante Stelle bewerben kann.

Um die Dienstleistungen der Online-Stellenbörsen nutzen zu können, müssen Sie sich meist erst einmal registrieren. Nachdem Sie wahlweise Ihren Namen oder Ihre ganze Adresse samt Telefonnummer und E-Mail-Adresse angegeben haben, erhalten Sie in vielen Fällen ein Passwort oder eine Registrierungsnummer.

Einen Überblick über die Links zu den wichtigsten Stellenbörsen und zu den Stellenbörsen-Suchmaschinen finden Sie auch unter www.hesseschrader.com.

Die wichtigsten Online-Stellenportale	Zeitarbeitsfirmen	Europäische Stellenmärkte
www.arbeitsagentur.de www.stellenanzeigen.de www.stellenmarkt.de www.stellenboersen.de www.cesar.de www.jobpilot.de www.jobware.de www.jobs.zeit.de www.jobrobot.de www.stepstone.de www.monster.de www.evita.de www.jobscout24.de	www.manpower.de www.randstad.de	www.cadresonline.com (Frankreich) www.job-consult.com (Europa) www.jobmonitor.com (Österreich) www.jobserve.com (UK) www.jobsite.co.uk (Europa)

Nachdem es mittlerweile eine schier unübersehbare Zahl an Stellenbörsen gibt, existieren nun sogenannte Meta-Suchmaschinen, die in mehreren Suchmaschinen nach den für den Bewerber geeignetsten Stellen suchen. Dazu gehören z. B. www.stellenboersen.de oder www.cesar.de. Die Metasuchmaschine www.evita.de durchsucht über 15 Stellenbörsen gleichzeitig. Cesar durchsucht rund 20 deutschsprachige Suchmaschinen, verfügt über ein Job-Link-Verzeichnis mit einer Vielzahl Links zu den Themen Jobs für Selbstständige, Stellenbörsen der Behörden, Verbände und Institutionen, Jobs für Freelancer und für Projektarbeit, für Medien, aber auch für sogenannte Xtra-Jobs wie Testverkäufer, Skilehrer usw.

Neben diesen großen Stellenbörsen haben sich allerdings auch viele Stellenbörsen etabliert, die ausschließlich branchenbezogen arbeiten. Spezielle Links für Ingenieure, Berater, Führungskräfte und Akademiker, für Angestellte aus Gastronomie und Hotelfach, Handel, medizinische Berufe, für den ökologischen Bereich und andere finden Sie unter www.hesseschrader.com.

Für Ingenieure	www.ingenieurkarriere.de
Für Führungskräfte und Akademiker	www.jobware.de
Für Gastronomie und Hotelfach	www.gast-job.de www.hotel-career.de
Für Umweltfachkräfte	www.greenjobs. de

Selbst in diesem branchenbezogenen Bereich gibt es eine verblüffend detaillierte Meta-Suchmaschine – die der Arbeitsagentur. Hier gibt es für alle Branchen von A bis Z Links zu den entsprechenden Stellenbörsen.

Links gibt es auch für alle, die sich für Nebenjobs interessieren, und Zeitarbeitsjobs lassen sich ebenfalls im Internet finden. Auch Menschen mit Behinderung können jetzt auf eine auf ihre Belange zugeschnittene Suchmaschine und Stellenbörse zurückgreifen.

Nebenjob	www.nebenjob.de
Zeitarbeitsjobs	Suche nach den Stichworten „Zeitarbeit" + „Heimatort"
Menschen mit Behinderung	www.myhandicap.de
Arbeitsagentur	www.arbeitsagentur.de

Auch wer sich ins Ausland bewerben will, kann zahlreiche Job-Plattformen nutzen:

> Stellen- und Ausbildungsangebote in Europa:
> http://europa.eu/eures

> Informationen, Veranstaltungstermine rund um das Thema „Ausland" und Jobbörsen im Ausland:
> www.arbeitsagentur.de/zav

> Internationale Jobsuche auf den Seiten der großen Online-Jobbörsen (mit Bewerbungstipps):
> http://jobs-im-ausland.monster.de
> http://www.stepstone.de/Karriere-Bewerbungstipps/arbeiten-im-ausland.cfm
> www.stellenboersen.de/stellenboersen/international

In Zeiten akuten Fachkräftemangels fällt eine Stellenbörse durch ihre Vermittlungsmethode ganz besonders auf. Jobleads (www.jobleads.de) ist eine Jobbörse für akademische Führungskräfte. Der besondere Clou sind die relativ strengen Aufnahmekriterien von Mitgliedern: Die Aufnahme erfolgt erst nach eingehender Prüfung des Interessenten – eine sehr gute akademische Ausbildung, ein karriereorientierter Lebenslauf und ein gutes Netzwerk sind die Aufnahmebedingungen. Erwartet werden von den Unternehmen, die ihre Jobs dort einstellen, Empfehlungen der Mitglieder untereinander. Ein erfolgreicher Tippgeber profitiert – je nach Stelle erhält er nach erfolgreicher Stellenbesetzung eine Prämie von 2 000 bis 20 000 Euro.

Das virtuelle Stellengesuch

Obwohl die richtige Stellenbörse schnell gefunden ist, kann es immer noch passieren, dass kein Job im Netz ist, der genau auf Ihre Kompetenzen passt. Sie können Ihren Arbeitgeber dann über Ihr eigenes Stellengesuch finden.

Bei Online-Stellenmärkten ist jedoch zu beachten, dass Gesuche nicht immer kostenlos sind. Manchmal gehören sie zu einer Art Konto oder Account, das bzw. der kostenpflichtig ist. Darauf wird jedoch hingewiesen. Es empfiehlt sich also, die betreffende Seite genau zu studieren.

Sie sollten außerdem darauf achten, dass Ihnen Ihre Anonymität garantiert wird. Ihre Daten sind ausschließlich für Sie und die Betreiber der Stellenbörse gedacht. Selbst der interessierte Arbeitgeber kann diese nicht einsehen. Er wendet sich an die Stellenbörse, die Ihnen wiederum eine E-Mail mit dem Stellenprofil und den Kontaktdaten zuschickt. Sie entscheiden dann, ob Sie sich melden wollen. Zum guten Ton gehört es übrigens, der Stellenbörse mitzuteilen, wenn Sie eine geeignete Stelle gefunden haben. Ihr Gesuch kann dann gelöscht werden. Unnötige Vermittlertätigkeiten erübrigen sich auf diese Weise.

Um Zeit und Geld zu sparen, informieren Sie sich am besten vor der Schaltung Ihres Gesuchs, welche Stellenbörse für Ihren Berufszweig die richtige ist, sprich: wo sie von möglichst vielen, infrage kommenden potenziellen Arbeitgebern gelesen wird. Nehmen Sie sich die Zeit und studieren Sie die Anzeigen vor allem auf ihr Einstelldatum hin. Außerdem bekommen Sie auf diese Weise ein Gespür dafür, welche Anzeige Sie anspricht und welche nicht, und können sich so in Ihrem eigenen Text daran orientieren. Aussagekräftig, was die Beliebtheit einer Stellenbörse bei den Usern betrifft, sind auch immer die Besucherzahlen der Seiten (wenn es sie gibt), wobei dazu gesagt werden muss, dass nicht unbedingt immer die Masse die Klasse macht.

Ebenso wie im Printbereich ist es auch hier lohnenswert, die Anzeige in mehreren Stellenbörsen zu schalten. Manche sind, ähnlich einer Kooperation, miteinander verlinkt. Das bekommen Sie aber relativ schnell heraus, wenn Sie beim Anklicken einer Seite auf der Seite einer anderen Börse landen.

Um positiv aufzufallen, sollten Sie sich an einige Regeln halten:
Das Gesuch sollte ...

> so knapp wie möglich,
> so informativ wie möglich,
> so ansprechend wie möglich

... formuliert sein.

Die Überschrift beinhaltet in den meisten Fällen die momentane berufliche Position (bzw. die der letzten Arbeitsstelle oder die generelle Berufsbezeichnung).

Der eigentliche Text enthält Ihre Qualifikationen, Ihre für den Job wichtigsten Eigenschaften, Ihre Erfahrungen und wie Sie sich Ihren nächsten Job vorstellen. Trotz dieses „Knappheitsgebots" muss eine Stellenanzeige noch lange nicht langweilig wirken, müssen Schlagwörter nicht einfach nebeneinander aufgereiht werden. Eine Formulierung wie „Wenn Sie auf der Suche nach einem ... sind, haben Sie in mir jemanden gefunden, der genau das seit sechs Jahren mit ungebrochener Begeisterung betreibt – und gerne auch für Sie" bringt Ihre Qualifikationen auf eine unkonventionelle und doch seriöse Art zur Geltung. Ein Verweis auf Ihre Bewerber-Homepage (siehe Seite 160) kann die Attraktivität Ihrer Anzeige noch steigern. Mit nur einem Klick kann sich der Personaler davon überzeugen, ob sein erster Eindruck auch den Tatsachen entspricht. Das braucht sicher seine Zeit, aber sie wird sich auszahlen, denn Personaler sehnen sich geradezu nach Abwechslung im Anzeigeneinerlei. Die Chancen, mit einer etwas anders formulierten Anzeige ein Angebot zu bekommen, ist so relativ hoch – vor allem, wenn sie den Eindruck erweckt, ihr Schreiber hätte sich wirklich Gedanken gemacht.

Zeit sollten Sie sich auch beim Durchsehen Ihrer Anzeige lassen. Denn sehr schnell schleichen sich Tippfehler ein, die selbst nach nochmaligem Durchlesen für Sie nicht erkennbar sind. Lesen Sie den Text lieber einen Tag später in Ruhe durch und schicken Sie ihn dann erst ab. So können Sie zu hundert Prozent dahinterstehen.

Wichtig ist hier, wie bei anderen Bewerbungsformen auch, die richtige Balance zwischen Selbstbewusstsein und Übertreibung zu finden. Marktschreierei empfiehlt sich genauso wenig wie zu viel Understatement oder eine Quasi-Entschuldigung, sich beworben zu haben.

Was Lebenslauf und Profil unterscheidet

Virtuelle Stellenbörsen bieten meist die Möglichkeit, einen Lebenslauf bzw. ein Profil in ihre Bewerberdatenbank einzustellen. Verlangt ein Arbeitgeber ein Profil von Ihnen, möchte er damit weit mehr als einen bloßen Lebenslauf. Während der Lebenslauf lediglich Eckpunkte Ihrer Karriere markiert (2007 bis 2011 Leitung des Ausstellungsprojekts XY am YZ-Museum), geht das Profil näher auf Details ein: auf Ihren genauen Aufgabenbereich, die Qualifikationen, die Sie sich währenddessen erworben haben, (in wirtschaftlichen Bereichen) die finanziellen Erfolge, die Sie erzielen konnten, die Kunden, die durch Sie akquiriert wurden etc. Der Übersichtlichkeit wegen sind diese Profile meist in Tabellenform verfasst. Ein sogenanntes Kompetenzprofil (siehe Seite 87) bringt Ihre Qualifikationen noch einmal auf den Punkt, indem Sie sie selbst einschätzen (sehr erfahren, erfahren, Grundkenntnisse etc.). Ein solches Profil sollte natürlich immer auf dem neuesten Stand gehalten werden und inhaltlich den jeweiligen Unternehmen angepasst sein. Die notwendigen Vorgänge, um ein solches Profil in eine Stellenbörse einzubinden, sind je nach Stellenbörse unterschiedlich. Bei www.jobrobot.de wird der Bewerber nach seiner Adresse und Mail-Adresse befragt und ob die Anonymität seiner persönlichen Daten erwünscht ist. Nach der Benennung eines frei wählbaren Kenn-

worts wird der Bewerber nun nach seinen Stellenwünschen und Tätigkeitsfeldern gefragt (mit dem Hinweis, dass diese Daten veröffentlicht werden). Im eigentlichen Gesuchsfeld mit Titelzeile formuliert dann der Bewerber den Text, der später in der Stellenbörse zu lesen sein wird. Im Anschluss werden im „Anklick"-Verfahren Studium, Berufserfahrung, Führungserfahrung, Fremdsprachenkenntnisse, Gehaltsvorstellung, Mobilität und Verfügbarkeit etc. erfragt. Bei www.stellenanzeigen.de bleibt der Lebenslauf anonym und es ist dem Bewerber selbst überlassen, sich auf das Angebot eines Arbeitgebers zu melden.

Profile auf Firmenhomepages

Viele Firmenhomepages bieten Ihnen an, Ihr Berufsprofil auf deren Internetseite zu hinterlegen. Diese Profile werden nach entsprechenden Kriterien technisch ausgewertet, bei Bedarf nehmen die Firmen mit dem Bewerber Kontakt auf.

Sie bewerben sich somit initiativ, aber immer auch „auf Vorrat". Ursprünglich sollte diese Bewerbungsmethode den Ansturm von unzähligen Bewerbern kanalisieren und auf diesem Wege bestimmte Kandidaten aussieben. Es gibt deshalb spezielle, unbedingt zu erfüllende Kriterien, die – in der Logik der Firmen – interessante Bewerber von den weniger interessanten trennen. Es ist jedoch recht fraglich, ob mithilfe von technischen Bewertungsverfahren am Ende auch immer die besten Kandidaten zum Personalchef weitergeleitet werden. Machen Sie sich dies bewusst und nutzen Sie bei solchen Firmen parallel auch andere Formen der Bewerbung.

Die Kunst beim Ausfüllen der berufsbezogenen Punkte besteht darin, seine eigene Persönlichkeit für andere schnell und gut erkennbar werden zu lassen, also die richtige Mischung aus „angepasstem" Ausfüllen und individueller Präsentation zu finden. Letztere ist in der Regel bei der Eingabe von freien Texten unter der Bezeichnung „Sonstiges" oder „Wollen Sie uns noch etwas mitteilen?" möglich (siehe auch Texte für die Dritte Seite, Seite 90).

Vergessen Sie nicht, die eingegeben Daten zu sichern oder einen Ausdruck für sich zu erstellen. Damit sind Sie auf der sicheren Seite, wenn im Vorstellungsgespräch die Rede auf Details kommt. Teilweise ist es auch möglich, dass Sie eigene Dokumente hochladen können. Dies ist Ihre Chance, sich abseits von standardisierten Eingabemasken individuell zu präsentieren. Nutzen Sie dies!

Jobbörsen im Vergleich

Die steigende Akzeptanz des Internets für die Stellensuche lockt natürlich immer mehr neue Stellenbörsen auf den virtuellen Markt. Ob regional, überregional oder gar international, branchenspezifisch oder branchenübergreifend, hierarchisch orientiert oder mit Jobs für jeden Positionswunsch – eine steigende Anzahl von Stellenbörsen versucht zu bieten, was das Herz des Bewerbers begehrt. Online-Stellenbörsen brauchen also – ähnlich wie Sie – ein geschärftes Profil und unschlagbare Vorteile (der Fachbegriff dafür ist USP, Unique Selling Propositon, Ihr Alleinstellungsmerkmal!), um einen Bewerber für sich zu gewinnen.

Ein entscheidender Wettbewerbsvorteil ist dabei die gebotene Qualität. Hinzu kommt: Je größer das Angebot, desto mehr stellt sich die Frage, welche Stellenbörse am effektivsten den individuellen Bedürfnissen ihrer Nutzer entgegenkommt.

Dazu muss erst einmal geklärt werden, welche Kriterien eine Online-Stellenbörse erfüllen muss, um als qualitativ hochwertig zu gelten. Die Stellenbörse www.stellenanzeigen.de veröffentlichte im März 2008 das Ergebnis ihrer Studie zur Bedeutung von Online-Stellenbörsen bei der Jobsuche. Neben dem fast zu erwartenden Ergebnis, dass 90 Prozent der 1000 Befragten sich auch über das Internet über offene Stellen informieren, liefert die Studie zudem die Antwort auf die Frage, was Bewerbern an einer Online-Stellenbörse wichtig ist. Das Ergebnis: Für 85 Prozent ist die Aktualität der Stellenanzeigen von besonderer Bedeutung, für jeweils 78 Prozent sind passende Anzeigen aus ihrem Tätigkeitsfeld und aus ihrer Region wichtig. Die Hälfte aller Befragten plädierte für eine „hohe Anzahl von Stellen".

Nach der Monster-Studie „Bewerbungspraxis 2013" sind für 62,1 Prozent von über 6 000 befragten Stellensuchenden die Online-Stellenbörsen die häufigsten Anlaufstellen. Fündig werden wollen momentan viele Arbeitnehmer, die bereits einen Job haben. Sechs von zehn sind aktuell wechselbereit. Ein Drittel plant eine Kündigung ihrer bisherigen Stelle. Immer mehr zum Trend wird es, gefunden zu werden und nicht selbst zu suchen. Sieben von zehn Bewerbern nutzen die Lebenslaufdatenbanken der Online-Stellenbörsen, sechs von zehn Bewerbern stellen ein Profil in Social Media-Netzwerke wie z. B. XING, um potenzielle Arbeitgeber auf sich aufmerksam zu machen (Quelle: http://media.newjobs.com/dege/redaktion/Bewerbungspraxis2013.pdf).

Dieses Ergebnis ist nicht wirklich überraschend. Wesentlich genauer beschäftigt sich die jährliche Studie der FH Koblenz von Prof. Christoph Beck mit den Qualitätsunterschieden bei den gängigen Stellenbörsen. Untersucht werden Fragen wie z. B., welche Unternehmen auf welcher Jobbörse hauptsächlich ihre Anzeigen schalten (DAX-und Nicht-DAX-Unternehmen, Zeitarbeitsfirmen, Personalberatungen und Privatpersonen). Für Sie als Bewerber ist ein solches Ergebnis wichtig. Denn so wissen Sie, wo Sie voraussichtlich am schnellsten auf Ihr Wunschunternehmen treffen.

Zweites großes Thema ist die Matching-Qualität, sprich: die Passgenauigkeit des gesuchten Stellenprofils auf die gelieferte Stellenanzeige bei den Stellenbörsen. Dies wurde pro Stellenbörse anhand von rund 500 Stellenanzeigen mithilfe von 20 ausgewählten Tätigkeitsbereichen getestet (z. B. Sekretärin, Finanzbuchhalter, Konstrukteur, Assistent etc.).

Die Verteilung der geschalteten Stellenanzeigen nach Postleitzahlen auf die einzelnen Stellenbörsen ist für die Tester ebenso von Interesse wie die Frage, welche Berufsgruppen auf welcher Jobbörse am ehesten fündig werden.

Die aktuelle Untersuchung stammt aus dem Zeitraum November 2010 bis Januar 2011. Getestet wurden fünf Jobbörsen: Monster, Jobscout24, Jobware, StepStone und Stellenanzeigen.de.

Die Ergebnisse: DAX-Unternehmen suchen am häufigsten bei Jobware nach neuen Mitarbeitern (23,8 Prozent), Nicht-DAX-Unternehmen mit 77,2 Prozent bei StepStone, Zeitarbeitsunternehmen bevorzugen Monster (39,9 Prozent). Personalberatungen sind am häufigsten auf Jobscout24 und auf StepStone vertreten (13,4 bzw. 9,5 Prozent). Nimmt man alle Jobbörsen zusammen, stammen die meisten geschalteten Stellenanzeigen aus dem Süden Deutschlands. Dies mag ein Indikator für eine bessere wirtschaftliche Lage sein (Quelle: „Jobbörsen im Vergleich 2011", Download unter www.hs-koblenz.de/fileadmin/media/fb_wirtschaftswissenschaften/Personen/Professoren/Beck/Jobboersenstudie_2011.pdf).

Wer wo am schnellsten findet, was er sucht

Technische Berufe und Stellen des Ingenieurwesens werden am häufigsten auf www.arbeitsagentur.de ausgeschrieben, Fachleuten aus der Telekommunikationsbranche und der Informationstechnologie bietet StepStone die größte Auswahl, Jobs aus Marketing, Vertrieb und Medien sind am ehesten auf Jobpilot und Monster zu finden. Wer Stellen im Bereich der Business Administration sucht, ist am besten bei Stellenanzeigen.de und Jobscout24 aufgehoben, Finanzdienstleister bei Jobpilot und Monster. Im Bereich Consulting/Ausbildung/Training hat Jobware am meisten Auswahl zu bieten. Wer eine Führungsposition sucht, wird am schnellsten bei Jobware und StepStone fündig. Auch für Spezialisten und sogenannte Professionals ist Jobware der ideale Platz zum Suchen, gefolgt von Stellenanzeigen.de und StepStone. Stellen für Sachbearbeiter sind bevorzugt bei Jobscout24 zu finden, gefolgt von Jobpilot und Monster. Facharbeiter sind dagegen am besten bei der Arbeitsagentur aufgehoben. Jobs in freier Mitarbeit, Ausbildungs-

plätze und Trainee-Stellen hat keine der genannten Stellenbörsen im Übermaß zu bieten.

In puncto Passgenauigkeit der Stellenanzeigen auf das gesuchte Profil über die Schnellsuche ist die Stellenbörse Jobware laut der Studie der FH Koblenz mit 92 Prozent Trefferquote am besten. Das bedeutet, dass lediglich 8 von 100 Suchen einen unpassenden Treffer erzielen. Wer sich auf die subjektive Einschätzung der Qualität von fachlich versierten Bloggern verlassen möchte, findet im Internet auch lobende oder kritische Bemerkungen zu bekannten Börsen und neuen Portalen.

Sicherheit im Netz

Das Internet gilt mittlerweile als sehr sicher, was die Übermittlung von Daten anbelangt. Selbst Dateien mit hoch brisantem Inhalt schickt man bedenkenlos über die Datenleitungen.

Dennoch haben immer noch genügend Menschen Bedenken, ihre vertraulichen Daten, wie sie eine Bewerbung nun einmal enthält, online zu verschicken. Die Angst vor Datenmissbrauch während des Transfers ist groß, auch die Frage, was mit den Daten innerhalb des betreffenden Unternehmens geschieht, bleibt bei vielen offen.

Und selbst die Firmen verspüren mit steigender Internetbeliebtheit den Wunsch, sich abzusichern – beispielsweise gegen falsche Bewerbungen.

Alle Themen, die den Datenschutz betreffen, sind durch das Bundesdatenschutzgesetz (BDSG) geregelt. In Absatz 1 steht: „Zweck dieses Gesetzes ist es, den Einzelnen davor zu schützen, dass er durch den Umgang mit seinen personenbezogenen Daten in seinem Persönlichkeitsrecht beeinträchtigt wird." Personenbezogene Daten sind „Einzelangaben über persönliche und sachliche Verhältnisse einer bestimmten oder bestimmbaren natürlichen Person." (§3 Absatz 1 BDSG). Gemeint sind damit alle Daten, durch die sich Rückschlüsse auf eine ganz bestimmte Person ziehen lassen – wie z. B. Geburtsdatum, Adresse, Kontonummer, Kfz-Kennzeichen etc.

Personenbezogene Daten dürfen nicht verwendet werden – es sei denn, die betreffende Person stimmt ausdrücklich zu oder es gibt eine gesetzliche Grundlage für einen solchen Vorgang (beispielsweise in einem juristischen Zusammenhang) (§ 13 Absatz 2 ff. BDSG). Diese Regelung ist die Grundlage für jedwede Übermittlung persönlicher Daten im Netz. Jede Übermittlung ist verknüpft mit einer Datenschutzbestimmung, die es zu akzeptieren gilt. Darin versichert man sein Einverständnis, seine Daten speichern und verwenden zu lassen bzw. sie sogar gegebenenfalls an Dritte weiterzugeben. Der Empfänger der bestätigten Datenschutzbestimmung sichert sich seinerseits dagegen ab, dass er keine gefälschten Daten erhält.

Die Datenschutzbestimmung ist ein wichtiger Bestandteil der Online-Bewerbung. Die Gestaltung selbst unterliegt dem jeweiligen Unternehmen. Deswegen ist es ihm auch überlassen, ob die Datenschutzbestimmung unterschrieben sein muss, bevor der Bewerber überhaupt zum Onlineformular gelangt.

Wie überall im Netz werden die Daten verschlüsselt übertragen. Dies geschieht über SSL (=Secrets Sockets Layer), auch als 128-Bit-Verschlüsselung bezeichnet. Erkennbar ist eine verschlüsselte Internetadresse über das angehängte kleine „s" hinter dem „http" der Adresse. Zudem findet sich am rechten Rand der Adresszeile ein kleines Schloss als Sicherheitssymbol. Es wird jedoch immer weiter an der Sicherheit im Netz gearbeitet.

Eine Selbstverständlichkeit ist der Einsatz eines Passworts. Einige Onlineformulare bieten an, selbst ein Passwort einzugeben, das nochmals bestätigt werden muss, einige geben ein Passwort vor, das man nach der Registrierung an seine E-Mail-Adresse zugeschickt bekommt. Zusätzlich gibt es auf manchen Seiten einen ständig wechselnden Sicherheitscode, den es einzugeben gilt.

Um zu gewährleisten, dass die Daten sicher beim zuständigen Ansprechpartner ankommen, ist die richtige Adresse sehr wichtig. Mails an die Adresse „info@…" laufen in vielen Fällen Gefahr, direkt im virtuellen Papierkorb zu landen. Deswegen empfiehlt es sich, über einen kurzen Anruf die exakte Adresse des richtigen Ansprechpartners herauszubekommen.

Tipp

Sollten Sie nach Versenden eines Onlineformulars oder Ihrer E-Mail nach 5 bis 10 Tagen nichts gehört haben, empfiehlt sich ein Anruf beim Unternehmen, ob Ihre Unterlagen überhaupt angekommen sind. Denn technische Probleme wie ein Serverabsturz innerhalb des Unternehmens sind nicht auszuschließen.

Ihre E-Mail-
Bewerbung

Das sollten Sie wissen,
bevor Sie sich bewerben!

Es ist Ihr Lebenslauf, besser Ihr beruflicher Werdegang, der die Personalentscheider wirklich interessiert und der als Grundlage für die Entscheidung für oder gegen Sie als neuer Mitarbeiter dient!

Deshalb muss Ihre „berufliche Vita" vor allem Auskunft darüber geben, was Sie aktuell leisten und wie es dazu gekommen ist. Nur so kann der Entscheider abschätzen, ob er Ihnen neue Aufgaben zutraut. Ein guter papierener oder digitaler Auftritt hilft Ihnen dabei wesentlich. Er kann Sie im Bewerbungsprozess ein deutliches Stück voranbringen, aber das Aus bedeuten, wenn der Empfänger kein Interesse an Ihnen entwickelt.

Ihr Ziel ist die Einladung zu einem persönlichen Gespräch. Ihre Unterlagen sollen also Interesse an Ihrer Person, an Ihren Fähigkeiten und damit an Ihren Problemlösungsqualitäten auslösen. Gerade bei der Anfertigung dieser Unterlagen bieten sich Ihnen viele Möglichkeiten, sich von der Masse der Mitbewerber positiv abzuheben. Wir zeigen Ihnen, was bei diesem Herzstück Ihrer Bewerbung möglich ist und worauf Sie unbedingt achten sollten.

Die entscheidenden Weichensteller

Sie wollen eine Botschaft einer Person näherbringen, möchten eine Entscheidung in Ihrem Sinne beeinflussen. Dafür gilt es drei aufeinander abgestimmte Schritte zu beachten:

1. Was wollen Sie dem Arbeitsplatzanbieter kommunizieren (**Kommunikationsziel**)?
2. Wie formulieren Sie aus den sorgfältigen Überlegungen zu Ihrem Kommunikationsziel verständliche, schnell begreifbare und vor allem überzeugende **Botschaften**?
3. Wie belegen Sie diese Botschaften, um deren Glaubwürdigkeit und Überzeugungskraft ebenso zu stärken wie deren Erinnerungsgehalt (**Argumentation**)?

Denken Sie im Vorfeld Ihres Vorhabens darüber nach, wie Sie sich selbst (aber auch, wie andere Sie) in puncto **Kompetenz**, **Leistungsmotivation** und **Persönlichkeit** (**KLP**) beurteilen. Wenn Sie sich lange genug mit diesen Themen und Fragen auseinandergesetzt haben und zu substanziellen Ergebnissen gekommen sind, wird es Ihnen leichterfallen, bezogen auf den von Ihnen angestrebten neuen Arbeitsplatz, ein Kommunikationsziel zu entwickeln.

Was haben Sie anzubieten? Ihre Mitarbeit, schön und gut, das bieten aber auch die anderen Kandidaten an. Da müssen Sie sich schon ein bisschen mehr einfallen lassen! Welche Situationen, Begebenheiten in Ihrem (Berufs-)Leben verdeutlichen, was Ihre Botschaften als Kurzformeln transportieren sollen? Wie sehen Ihre Argumente aus?

Arbeiten Sie darüber hinaus den sogenannten **USP** heraus (Unique Selling Proposition, zu Deutsch: Alleinstellungsmerkmal, also das, was Sie positiv von anderen Bewerbern unterscheidet). Was könnte also Ihr Alleinstellungsmerkmal sein? Sie müssen plausibel machen, dass Sie etwas ganz Spezielles für „Ihren Kunden", den Arbeitsplatzanbieter, tun können, und dass Sie dadurch der bessere Problemlöser, der vielversprechendere Gewinnbringer sind.

Erlaubt ist, was gefällt

In den diversen Ratgebern zu diesem Thema finden Sie immer wieder recht starre Empfehlungen und Regeln: Nennen Sie keinesfalls ein Hobby, Ihren Familienstand oder Ihre Gehaltsvorstellung – und vielerlei mehr. Manche Aussagen sind sogar widersprüchlich. Am besten vergessen Sie dies alles!

Je nach Bewerbungsform, je nach Branche und Bewerbertyp gibt es sicherlich Grenzen für die kreative und individuelle Gestaltung einer Bewerbung. Aber innerhalb dieser Grenzen gibt es erstaunlich viele innovative Möglichkeiten, die Sie nutzen sollten. Aufgrund unserer über 30-jährigen Erfahrung in der Beratung von vielen Tausend Bewerbern wissen wir um die aktuellen Entwicklungen und Trends und haben diese auf ihre Praxistauglichkeit hin überprüft.

Auch wenn es nicht den Königsweg für die hundertprozentig erfolgreiche und überzeugende E-Bewerbung gibt, und selbst wenn man mit einem innovativ-kreativen Ansatz nicht jeden Personalchef überzeugen kann: Eine gut durchdachte Bewerbung wird ihre Wirkung nicht verfehlen ... und die Personalentscheider werden Ihr Engagement zu schätzen wissen und entsprechend positiv darauf reagieren.

Im Folgenden stellen wir Ihnen die zwei wichtigsten Wege (postalisch/digital) und vier entscheidende Formen der schriftlichen Bewerbung vor. Jede bietet außergewöhnliche Gestaltungsmöglichkeiten. Diese inhaltlichen und formalen Möglichkeiten haben Sie sowohl bei der postalischen als auch bei der digitalen Bewerbung:

1. in Form und Inhalt (Aussage) klassisch und konservativ
2. in der Form eher konservativ, inhaltlich unkonventionell
3. in der Form eher unkonventionell, dafür inhaltlich eher konservativ
4. Form und Inhalt (Aussage) unkonventionell

Um Bewerbungsunterlagen zu erstellen, die sich deutlich positiv vom Durchschnitt abheben, stehen Ihnen eine Reihe ästhetischer Tricks und Kniffe (ab Seite 87) zur Verfügung.

Die Dramaturgie Ihres Drehbuchs

Zunächst müssen Sie entscheiden, wie Ihre (E-)Bewerbungsunterlagen aussehen sollen, welche „Seiten", welche Infos Sie in welcher Abfolge zusammenstellen und präsentieren wollen. Bildlich gesprochen: Wie soll das „Drehbuch" Ihres Werbe- und Erfolgsfilms konzipiert werden? Wir greifen hier zunächst auf die papierene Darstellung zurück, weil sich daran schneller vermitteln lässt, welche inhaltlichen Möglichkeiten Sie haben, welche Varianten vorstellbar sind. Die spätere Übertragung in ein beliebiges digitales Medium (E-

Mail mit Dateianhängen, PowerPoint-Präsentation etc.) ist der nächste Schritt.

Zur Drehbuch-Metapher: Alle Rollen werden durch Sie besetzt. Sie sind der Produzent, Drehbuchautor, Regisseur und – wenn Sie weiterkommen, eingeladen werden – sind Sie selbstverständlich der Hauptdarsteller.

Als Drehbuchautor müssen Sie zunächst wissen, was Sie Ihrem (Lese-)Publikum vermitteln wollen und auf welche Art das geschehen soll. Für Ihre Unterlagen bedeutet dies: Was soll wie auf welchen „Seiten" stehen? Wir zeigen Ihnen verschiedene Varianten in Form von Skizzen. Betrachten Sie diese Vorschläge als Anregung. Sie entscheiden, was Sie für sich in Anspruch nehmen wollen und was nicht. Der Einfachheit halber behandeln wir im Folgenden die Bewerbung so, als ob es nur um die papierene, klassische Bewerbung geht. Schlussendlich folgt die E-Bewerbung auch in weiten Teilen diesem Modell.

Je differenzierter Sie den Inhalt jeder einzelnen „Seite" planen, desto leichter wird Ihnen später die Umsetzung fallen. Wie umfangreich Ihr „Werbeprospekt in eigener Sache" insgesamt wird, bestimmen Sie. Ob es nur zwei, drei „Seiten" plus Anlageseiten werden oder sechs bis sieben „Seiten", ob es ein Deckblatt gibt, oder besser eine Einleitung, eine ausführliche Selbstdarstellung bis hin zum Anlagenverzeichnis mit Überblick über weitere zehn Dokumente – das hängt vor allem vom Alter und der entsprechenden Berufserfahrung sowie von Ihrer Position ab. Und nicht alles, was man als Bewerber zu bieten hat, gehört in die Unterlagen. Da ist oft weniger mehr!

Jetzt zeigen wir Ihnen, welche Abfolge- und Gestaltungsmöglichkeiten Sie haben – bei Ihren Bewerbungsunterlagen allgemein (Dramaturgie) und speziell bei der E-Mail-Bewerbungsvariante. Schematisch sieht das so aus:

Abfolge 1: klassisch

Abfolge 2: erweitert klassisch

Ab hier lassen wir aus Platzgründen die Anschreiben- und Anlagen-Seite/-n weg.

Abfolge 3: erweitert klassisch mit Dritter Seite

Abfolge 4: erweitert klassisch mit Dritter Seite und Anlagenübersicht

Abfolge 5: erweitert klassisch mit Inhaltsübersicht und Dritter Seite

Fünf ganz klassische Abfolge-Versionen (auch Abteilungen genannt, z. T. mit mehr als nur einer Seite Umfang wie hier gezeichnet) haben wir Ihnen exemplarisch vorgestellt und Sie entscheiden, wie und was Sie daraus für sich und Ihr Bewerbungsvorhaben machen werden.

Bei der E-Mail-Bewerbung variiert dieses Schema etwas, sehen Sie sich die Unterschiede an. Entscheidend ist nur, wie Sie den E-Mail-Maskentext für sich verstehen und nutzen wollen; kurz, mittellang oder sehr ausführlich mit Lebenslaufdaten.

Version 1: mit kurzer E-Mail und 2 Datei-Anhängen (Anschreiben + Lebenslauf sowie Anlagen)

Version 2: mit ausführlicher E-Mail und 1 Datei-Anhang (Lebenslauf +
wenige Anlagen)

Version 3: mit kurzer E-Mail und 2–3 Datei-Anhängen (Anschreiben, Deckblatt + Lebenslauf, Anlagen)

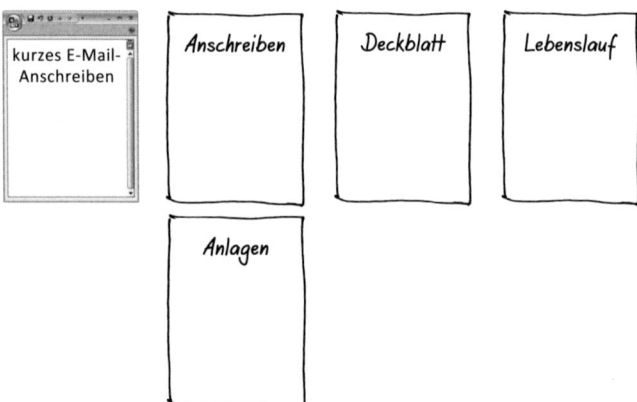

Version 4: mit ausführlicher E-Mail und mit 2 Datei-Anhängen (Deckblatt
+ 3-seitiger Lebenslauf, Anlagen)

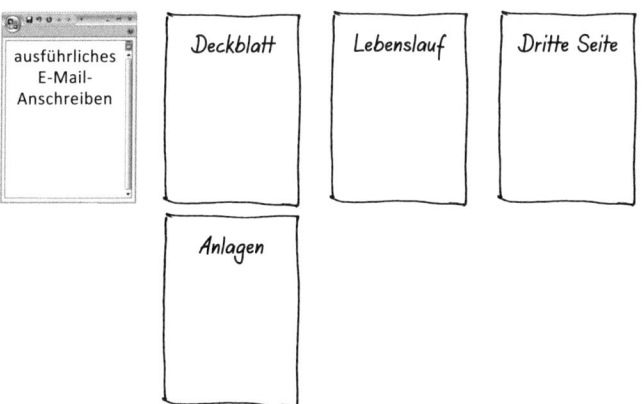

Zu den einzelnen Elementen der E-Mail-Bewerbung

Anschreiben

Dieses können Sie durchaus etwas anders gestalten als ein klassisches per Brief versandtes, also z. B. ohne Anschriftenfeld. Aber besser nicht zu viel schreiben, und vor allem auf die Zeilenführung und Absatzgestaltung achten und möglichst nicht mehr als eine Seite!

Deckblatt

Hier haben Sie maximalen Spielraum. Ob nur mit der Überschrift „Bewerbung" oder mit Foto, Namen und Anschrift, Geburtsdaten, allen anderen wichtigen Daten und sogar Ihrem Lebensmotto versehen, mit oder ohne ausgangssituativer, beruflicher Beschreibung, Ausbildungs- und Erfahrungshintergrund – Sie sind der „Regisseur", Sie entscheiden, was und wie viel Sie hier präsentieren.

| Lebenslauf | Sie dürfen, aber müssen nicht mit einer Seite auskommen. Bis zu 3 Seiten, in besonderen Fällen auch 4 sind vorstellbar. Gerade aber bei einer E-Mail-Bewerbung ist oftmals weniger mehr. Alle wichtigen Abschnitte stellen wir Ihnen ab Seite 59 ausführlich vor. |

| Dritte Seite | Sie dürfen, aber müssen keine Dritte Seite verwenden! Wichtig: wenn, dann nur ganz exzellent getextet, was voraussetzt, Sie haben über Ihre Botschaft gut nachgedacht und diese sehr sorgfältig formuliert. Und schreiben Sie die Seite bloß nicht zu voll! |

| Anlagen-verzeichnis | Damit der Empfänger sich nicht durch die Anlagen „quälen" muss, können Sie ihm hier eine Unterstützung anbieten. Insbesondere bei E-Mail-Bewerbungen müssen aber gar nicht so viele Zeugnisse angefügt werden! |

| Anlagen | Hier gilt: Oftmals ist weniger mehr. Es kommt jedoch immer noch vor, dass selbst ein 45-Jähriger nach seinem Abiturzeugnis gefragt bzw. aufgefordert wird, es nachzureichen ... und natürlich kommen hier schnell 3 und mehr Seiten zusammen! Aber bitte auch nicht mehr als 6–9 Seiten, nicht jedes Dokument muss mit allen Seiten beigefügt werden! |

Kommentiertes Beispiel

Zur Veranschaulichung finden Sie hier einige Beispiele guter Bewerbungen, mit Verbesserungsvorschlägen und Kommentaren.

An...   schmidt@siegel.de

Cc...

Senden   Betreff: Bewerbung als Assistentin der Geschäftsführung

Sehr geehrter Herr Dr. Schmidt,

die Vielfalt der Aufgaben sowie die Tätigkeitsschwerpunkte
interessieren mich und entsprechen meinen Erfahrungen.

Im Bereich Finanzen & Controlling kenne ich mich bestens aus
(von Organisationsabläufen über Projektmanagement bis hin
zur Verantwortung für komplette Controlling-Bereiche).

Zudem zeichne ich mich durch ein großes **Organisationstalent** aus.
Es macht mir Spaß, wenn es im Arbeitsalltag turbulent zugeht,
gezielt Prioritäten gesetzt und viele verschiedene Aufgaben
innerhalb kürzester Zeit erledigt werden müssen.

Selbst in sehr stressigen Situationen bewahre ich mir meinen Humor
und vor allem einen kühlen Kopf. Meine ausgeprägte Kommunikationsfähigkeit sowie mein **routinierter Umgang mit Englisch und Spanisch**
kommen mir in der Betreuung internationaler Kunden sehr zugute.

Ich freue mich, Sie im Gespräch kennenzulernen, und verbleibe
mit freundlichen Grüßen

Marie Müller
Kauffrau für Bürokommunikation   Lebenslauf_Marie_Mueller
Am Gendarmenmarkt 26, 10171 Berlin
+49 151 100 288 55, marie.mueller@mail.de

Marie Müller
Kauffrau für Bürokommunikation
Am Gendarmenmarkt 26
10171 Berlin
+49 151 100 288 55
+49 30 23 23 774
E-Mail: marie.mueller@mail.de

Lebenslauf

Persönliche Daten

Marie Müller, geb. Bohmer

Am Gendarmenmarkt 26, 10171 Berlin
Telefon: +49 151 100 288 55
E-Mail: marie.mueller@mail.de

geboren am 29.03.1977 in Potsdam
verheiratet, keine Kinder, ortsungebunden,
Führerschein A und B

Beruflicher Werdegang

Aufgabenbereich
seit Sept. 2009, Rademacher GmbH, Berlin
**Seniorreferentin Personalcontrolling im Bereich
Finanzen und Controlling**

Mai 2004 –Aug. 2009
Leiterin im Bereich Finanzen und Controlling

Jan. 1998 –Apr. 2004
Assistentin im Bereich Finanzen und Controlling

seit Jan. 1998
**nach abgeschlossener Ausbildung zunächst
allgemeines Sekretariat, später Alleinsekretariat
des Vorstandes Controlling**

Berufsausbildung

Ausbildung
1995 –1998 Rademacher GmbH, Berlin
Kauffrau für Bürokommunikation mit IHK-Abschluss
Schwerpunkte: Finanzen, Vertrieb, Office- und Assistenzaufgaben

Schulbildung

Sprachschule
Okt. 2010 – Dez. 2010, Internationale Sprachschule, Madrid
Intensivkurs Spanisch
Abschluss: Nivel Asistencia (B2)

Gymnasium
1995, Hegel Gymnasium, Berlin
Allgemeine Hochschulreife

Besondere Kenntnisse

Erfahrungen in den Bereichen	• Analyse betriebswirtschaftlicher Plan-, Ist- und Erwartungswerte • Ziel- und Maßnahmencontrolling • Umsetzung von zentralen Planungsvorgaben • Vorbereitung von Business-Reviews • Organisation von Veranstaltungen, Meetings, Reisen etc. • Erstellen von Korrespondenzen • Erarbeiten, Auswerten, Interpretieren statistischer Erhebungen • Betreuung interner und externer Kunden • Event- und Qualitätsmanagement • Budgetüberwachung • Personal- und Marketingcontrolling • das komplette Officemanagement von der Terminkoordination bis hin zur Erstellung von Präsentationsunterlagen
Sprachen	• Deutsch als Muttersprache • gute Englischkenntnisse in Wort und Schrift • sehr gute Spanischkenntnisse in Wort und Schrift • Russisch (Grundkenntnisse)
EDV	• sehr gute Kenntnisse in Word und Excel • sowie in PowerPoint, Outlook, SAP R/3 • sehr gute Internetkenntnisse • gute Kenntnisse in Access, Adobe InDesign, Lexware
Interessen	seit 2008 ehrenamtliche Mitarbeit bei der Telefonseelsorge in Potsdam

Berlin, 22.01.2014   *Marie Müller*

Zu den Unterlagen von Marie Müller

Anschreiben Die Bewerberin verfasst ihr Anschreiben direkt in der E-Mail. Die Betreffzeile lässt wohlwollendes Interesse aufkommen. Der Anschreibentext ist sorgfältig formuliert und die Bewerberin bringt ihr Mitarbeitsangebot gut zum Ausdruck und kommt dabei mit relativ wenig Text bestens zurecht. Es geht also auch immer kürzer. Interessant ist hier sicher auch, wie mit verschiedenen grafischen Mitteln (fett, unterstrichen) die Botschaften hervorgehoben werden, um die Aufmerksamkeit des Lesers zu gewinnen. Am Ende des Mail-Textes unterschreibt sie nicht, sondern setzt ihren Namen, Berufsbezeichnung und ihre Adresse ein. Es geht also auch so! Diese Mail transportiert lediglich eine Datei, die aber sehr klar betitelt ist und keinen Zweifel aufkommen lässt, was den Empfänger erwartet.

Lebenslauf Gute Verteilung auf zwei Seiten. Im Block „Beruflicher Werdegang" wählt die Bewerberin die amerikanische Abfolge ihrer Daten (amerikanisch: vom Aktuellen in die Vergangenheit; klassisch: von der Vergangenheit in die Gegenwart). So findet der Personaler sofort die aktuelle Position der Bewerberin. Sicherlich hätte sie uns auch noch eine Berufsstation mehr am Anfang ihrer Laufbahn präsentieren und dafür die Gymnasiums-Zeile kürzen können. Auf der zweiten Seite besticht die Aufzählung ihrer Erfahrungen. Sicherlich wird sie dazu im Vorstellungsgespräch befragt. Die unter Interessen angegebene Mitarbeit bei der Telefonseelsorge wird Fragen auslösen. An dieser Stelle hat man durch die Benennung von Hobbys, Interessen und/oder Engagement eine enorme Steuerungskraft, was das eigene Image anbetrifft. Das setzt die Kandidatin hier sehr geschickt ein und lässt Bilder entstehen: Krisenmanagerin, hohe soziale Kompetenz und Engagement.

Der Lebenslauf

Die Themenblöcke eines Lebenslaufs, alle Abschnitte und Abfolgen in Übersicht, sind hier für Sie zusammengestellt (die Abfolge bestimmen Sie selbst):

Persönliche Daten
> Vor- und Zuname
> ggf. Berufsbezeichnung
> evtl. Ihr berufliches Ziel
> evtl. Ihre Ausgangssituation
> Geburtsdatum und -ort
> Anschrift, Telefon, ggf. Handy, E-Mail (besser auf der Deckblattseite)
> evtl. Religionszugehörigkeit (nur wichtig, wenn auf den Arbeitsplatz bezogen)
> evtl. Familienstand, ggf. Zahl und Alter der Kinder
> ggf. Name und Beruf des Ehepartners (muss nicht sein)
> Staatsangehörigkeit (bei Ausländern oder Namen, die diese Erklärung sinnvoll erscheinen lassen)

Berufstätigkeit
> Arbeitgeber (Orte und Zeitangaben)
> Positionen, evtl. Kurzbeschreibung
> ggf. Verantwortung, Ergebnisse, Ziele
> Abschluss/Berufsbezeichnungen
> Art der Berufsausbildung
> Ausbildungsfirma/-institution (mit Ortsangabe)

Berufliche Weiterbildung
> Alles, was mit der Berufspraxis in Zusammenhang steht.

Außerberufliche Weiterbildung

> Kurse
> Vorsicht bei der Auswahl: Fremdsprachen ja, Fallschirmspringen und psychologische (Selbstfindungs-)Kurse nein.

Berufs- bzw. Hochschulausbildung

> ggf. Hochschulstudium
> Fach/Fächer
> Universität und Abschlüsse
> ggf. Schwerpunkte
> ggf. Thema der Examensarbeit/Promotion (wenn nicht länger als 5–10 Jahre zurück)

Schulausbildung

> Schulabschluss (Zeitangabe in Jahren)
> besuchte Schulen (Typen angeben, wenn der Schulbesuch nicht länger als 5 Jahre her ist)

Besondere Kenntnisse

> Fremdsprachen, EDV, Führerschein, andere Scheine und Qualifikationen
> Hobbys/Interessen, ehrenamtliches oder soziales Engagement, Sport, Politik
> Überlegen Sie stets, welches Bild Sie dabei von sich entwerfen und ob diese Tätigkeiten auch zu Ihrer Bewerbung um diesen Arbeitsplatz passen.

Sonderinformationen

> z. B. über Auslandsaufenthalte, Praktika
> Hier könnten Sie auch eine zusätzliche Erklärung unterbringen, warum Sie diesen Arbeitsplatz wünschen.

Foto

> Das Foto sollten Sie als digitale Version vorliegen haben und fügen es z. B. oben rechts auf dem Lebenslauf oder besser auf einer Deckblattseite ein.

Was ist erlaubt? Es besteht kein Zwang, die Abfolge der Lebenslaufabschnitte in einer bestimmten Reihenfolge zu gestalten. Wenn Sie die persönlichen Daten bereits an anderer Stelle in aller Ausführlichkeit abgehandelt haben (z. B. auf dem Deckblatt oder einer Einleitungsseite), können Sie durchaus mit der aktuellen Berufstätigkeit beginnen, gefolgt von der beruflichen Weiterbildung und besonderen Kenntnissen. Die Schulausbildung und sonstige erwähnenswerte Interessen (Hobbys, Engagement) bilden dann den Abschluss.

Der Leser muss schnell einen guten Überblick über die von Ihnen als wichtig erachteten Informationen bekommen. Solange Sie das beachten, haben Sie völlige Freiheit in der Gestaltung der Reihenfolge. Als Grundregel gilt jedoch immer: Seien Sie sich darüber im Klaren, welche Botschaft Sie durch die von Ihnen gewählte Informationsabfolge vermitteln wollen, und versuchen Sie einzuschätzen, wie erfolgreich Sie damit bei Ihrem Empfänger sein könnten.

Persönliche Daten Neben den bereits aufgezählten Stichpunkten können Sie bisweilen schon an dieser Stelle auf besondere Erfolge, Interessen oder Hobbys hinweisen. Das ist gerechtfertigt, wenn diese etwas zum gesamten Persönlichkeitsbild beitragen können. Das Gleiche gilt für Mitgliedschaften in Parteien, Gewerkschaften oder anderen Einrichtungen und Institutionen.

Bei der Ausgangssituation vermeiden Sie bitte die Formulierung „Arbeit suchend"; Namen und Berufe der Eltern oder Geschwister sollten bei gestandenen Bewerbern (ab etwa 18 Jahren) auf keinen Fall angeführt werden; sind Ihre Kinder noch in einem recht betreuungsintensiven Alter (unter 6), lassen Sie die Altersangaben lieber weg.

Nach der Namensangabe (direkt gefolgt von der Berufsbezeichnung bzw. dem Bewerbungsziel) kann die Abfolge modifiziert werden. Alle diese persönlichen Daten haben gegebenenfalls auch Platz auf dem Deckblatt oder der ersten Seite und können da wie dort durch das Foto sinnvoll flankiert werden. Sollten Sie sich entschließen, den Schwerpunkt dieser Daten an anderer Stelle abzuhandeln, reicht die Angabe von Name, Berufsbezeichnung und Geburtsdatum (oder eine Altersangabe), um zur nächsten Rubrik überzugehen.

Berufstätigkeit Diese Rubrik ist von zentraler Bedeutung für das Bild, das sich der Leser Ihrer Bewerbungsunterlagen von Ihnen und Ihrer beruflichen Kompetenz macht. Zeigen Sie an dieser Stelle, womit Sie glänzen können. Wenn ein gestandener Berufsvertreter, der beispielsweise fünf Jahre lang eine Maschinenfabrik erfolgreich als Geschäftsführer geleitet hat, in seinem Lebenslauf mit den einfachsten Diensten beginnt (vom 01.01.1990 bis 31.12.1993: Feinblechner bei der Firma XY), vertut er eine Chance, den potenziellen Arbeitgeber zu beeindrucken.

Bei der Chronologie der Tätigkeiten hat es sich als besonders vorteilhaft erwiesen, die amerikanische Vorgehensweise zu übernehmen: Sie startet mit der aktuell ausgeübten Tätigkeit und Position und geht erst dann weiter in die Vergangenheit zurück.

Die aufgeführten Arbeitgeber können unterschiedlich ausführlich beschrieben werden, ebenso wie die Skizzierung der ausgeübten Position, inklusive der besonderen Aufgabenstellung und Verantwortlichkeit und der von Ihnen erzielten Erfolge. Die aktuelleren Daten sind wichtiger und erfordern mehr Informationen als die zeitlich deutlich zurückliegenden. Orts- und Zeitangaben zumindest für die letzten fünf bis zehn Jahre verstehen sich von selbst. Sie können auch unter dieser Rubrik die Berufsausbildung aufführen. Liegt diese noch nicht sehr lange zurück, kann man hier auf besondere Schwerpunkte verweisen, wenn es zur angestrebten neuen Position und Aufgabe irgendwie passt. Die Beispiele in diesem Buch vermitteln den Gestaltungsspielraum, der Ihnen zur Verfügung steht.

Berufliche bzw. außerberufliche Weiterbildung Alle beruflichen und ergänzenden Maßnahmen, die Ihre Kenntnisse und Fähigkeiten unter beruflichem Aspekt vorangebracht haben, sollten hier genannt werden. Von klassischen Weiterbildungsmaßnahmen des Arbeitgebers bis hin zu privat initiierten Fortbildungsaktivi-

täten wie z. B. das Erlernen der japanischen Sprache ist alles erlaubt, wenn es gefällt und passt. Manche Kandidaten führen an dieser Stelle (mangels Masse?!) auch die Besuche von Fachtagungen und Messen auf. Hier sind Orts- und Zeitangaben nicht bis ins letzte Detail notwendig. Die einfache Jahreszahl ist häufig ausreichend.

Berufs- bzw. Hochschulausbildung Bei Fach- und Hochschulabsolventen sind die Fachhochschule bzw. Universität mit Ortsangabe, die Studienfächer (gegebenenfalls Haupt- und Nebenfächer) und die Abschlüsse differenzierter darzustellen, eventuell ergänzt durch den Hinweis auf Studienschwerpunkte, bekannte Professoren und nicht selten das Thema der Abschlussarbeit, gegebenenfalls der Dissertation. Die Noten für diese Arbeiten können ebenso aufgeführt werden wie die Gesamtabschlussnote, wenn dies alles weniger als 5 – 10 Jahre zurückliegt. Danach wirkt eine Angabe möglicherweise eher befremdlich.

Liegt kein Hochschulabschluss vor, nennen Sie lediglich alle relevanten Daten bis auf den fehlenden Abschluss. Irgendwelche Ehrenerklärungen brauchen Sie hier nicht abzugeben. Der eilige Leser wird den fehlenden Abschluss vielleicht gar nicht bemerken.

Bei der Berufsausbildung reicht die Angabe zum Ausbildungsfach und -betrieb mit entsprechender Zeitangabe. Das Nennen der Abschlussnote ist eher unüblich. Als Zeitangabe geben Sie Monat und Jahr an; wenn die Ausbildung länger zurückliegt, reicht die Jahresangabe.

Schulausbildung An welcher Stelle Sie auch immer über Ihre Schulbildung Auskunft geben, die ausführliche Nennung von beispielsweise zwei Grundschulen (wegen eines Umzugs der Eltern) ist absolut überflüssig. An dieser Stelle können Sie getrost sparsam mit Informationen umgehen, wenngleich die Angabe des Wechsels von der Realschule auf das Aufbaugymnasium, der Besuch des Abendgymnasiums oder die Nennung der gymnasialen Fachrichtung (z. B. humanistisch, naturwissenschaftlich) natürlich eine gewisse Bedeutung hat.

Glatte Jahreszahlen reichen aus, und wann genau Sie das Abitur mit welcher Durchschnittsnote absolviert haben oder die Realschule verließen, spielt vermutlich keine Rolle mehr (wenn Sie über 25 Jahre alt sind). Zweiter Bildungsweg und Abendgymnasium sind natürlich Kennzeichen Ihrer besonderen Leistungs- und Lernmotivation und sollten deshalb erwähnt werden.

Generell gilt: Je länger Ihre Schulzeit zurückliegt, desto kürzer fassen Sie sich. Falls Ihre Schulzeit aufgrund einiger „Ehrenrunden" etwas länger gedauert hat: bloß keine Erklärungen!

Wehr- bzw. Zivildienst, FSJ, Bundesfreiwilligendienst o. Ä. Diese Zeitspanne können Sie nicht unter den Tisch fallen lassen. Und ob Sie bei der Marine als Funker tätig waren oder in einem Kinderheim für Schwerstbehinderte Ihren Zivildienst absolviert haben, stellt auch eine gewisse Information dar. Diese wird je nach Arbeitgeber anders interpretiert und kann von Ihnen dazu benutzt werden, bestimmte Erfahrungen oder Entwicklungen glaubhaft zu vermitteln. Frauen und Männer, die sich für ein Freiwilliges Soziales Jahr oder einen Bundesfreiwilligendienst entschieden haben, können die Angabe dieser Zeitspanne entsprechend für ihr Bewerbungsvorhaben nutzen. Zur Zeitangabe: gegebenenfalls Monat und Jahr; wenn länger zurückliegend, reicht die Jahresangabe.

Besondere Kenntnisse Diese Rubrik ist nicht zwingend notwendig, bietet aber Möglichkeiten, auf bestimmte, für die aktuelle Bewerbung relevante Qualifikationen aufmerksam zu machen. Sprach- oder EDV-Kenntnisse, spezielle Zertifikate, vom Führerschein bis zur Ausbilderlizenz, haben hier – wie immer nach sorgfältiger Abwägung – ihren Platz.

Engagement/Hobbys/Interessen/Sonstiges Diese Rubrik ist alles andere als überflüssig! Mit den dort gemachten Angaben können Sie Sympathie gewinnen und wichtige Anknüpfungspunkte für das Vorstellungsgespräch schaffen.

Achten Sie dabei auf die Auswahl und überlegen Sie, ob das Hobby zu Ihrem Alter und der von Ihnen angestrebten Branche und Position passt. Semiprofessionelles Webdesign wird anders aufgenommen werden als leidenschaftliches (und gefährlicheres) Drachenfliegen. Wenn es Ihnen durch die Auswahl Ihrer Hobbys gelingt, Ihr Gegenüber auf sich aufmerksam zu machen, kann das Tür und Tor öffnen. Auch der eine oder andere Auslandsaufenthalt kann an dieser Stelle vermerkt und vermarktet werden. Aktives Musizieren, besondere Sportarten, begeistertes Kochen, Spezialreisen oder Reptilienzucht sind thematische Anknüpfungspunkte, die nicht ohne Wirkung bleiben. Aus unserer täglichen Beratungspraxis wissen wir um die damit erzielbaren positiven Effekte.

Ort, Datum, Unterschrift Sie können den Lebenslauf unterschreiben, alternativ aber auch auf der „Dritten Seite" (siehe Seite 90). In der Regel jedoch empfiehlt es sich hier, weil der Empfänger es an dieser Stelle erwartet. Außerdem wird durch das Datum die Aktualität des „Dokuments" betont. Es steht Ihnen übrigens weitgehend frei, ob Sie Ort und Datum mit der Hand oder am PC schreiben.

Auch zu der Art und Weise, wie Sie unterschreiben, gibt es etwas zu sagen: Manche Kandidaten unterschreiben extrem unleserlich und riesengroß oder im Gegenteil viel zu klein oder gar in Druckbuchstaben. Das sollten Sie vermeiden. Nicht selten wird Ihre Unterschrift von der Auswahlkommission analysiert und dabei natürlich auch bewertet. Bemühen Sie sich also um eine relativ „normale", halbwegs gut leserliche Unterschrift.

Nur für Ihre papierenen Unterlagen: Benutzen Sie einen hochwertigen Stift, z. B. einen Füller (nicht: Kugelschreiber, Filzschreiber, Bleistift). Ob Sie in königsblauer Tinte oder in einer anderen Farbe „auftreten", kann diskutiert werden, aber die Fälle, in denen rote oder lila Tinte passt, sind doch eher selten.

Sie können und sollten dies auch: Ihre Unterschrift einscannen. Das gibt Ihrer E-Bewerbung die nötige Professionalität.

Checkliste für Ihren Lebenslauf

☐ Der Leitfaden wird durch die Keywords bestimmt: Kompetenz, Leistungsmotivation, Persönlichkeit.

☐ Konzentrieren Sie sich auf Leistungen (Ergebnisse), Fähigkeiten und Persönlichkeitsmerkmale, die Sie vorweisen und belegen können.

☐ Schreiben bzw. sagen Sie möglichst nichts, was Sie nicht auch gegebenenfalls (mündlich) beweisen könnten.

☐ Je weiter Sie in der Zeit zurückgehen, desto weniger Einzelheiten sollten Sie nennen. Zeigen Sie dem Arbeitgeber Ihre jüngsten Erfolge, die sich unmittelbar auf die aktuellen Anforderungen des Arbeitsmarktes beziehen. Wenn Sie vor zehn Jahren EDV-Experte waren, interessiert das heute niemanden mehr.

☐ Ihr Lebenslauf muss leicht zu lesen sein. Achten Sie deshalb auf richtige Abstände und Ränder und vermeiden Sie „Überfüllung".

☐ Gebrauchen Sie Abkürzungen nur, wenn Sie eindeutig sind. Seien Sie klar und präzise.

☐ Belegen Sie Erfolge nach Möglichkeit mit Zahlen.

☐ Orientieren Sie sich an unseren Beispielen, aber entwickeln Sie auch eigene Ideen.

☐ Vermeiden Sie Übertreibungen und nichtssagende Ausdrücke.

☐ Es reicht bei Studien- und Beschäftigungsdauer in der Regel die Jahresangabe. Wenn Sie während Ihrer Tätigkeit für einen Arbeitgeber befördert wurden, können Sie den entsprechenden Monat in Klammern hinter die einzelnen Berufs- bzw. Kompetenzbezeichnungen setzen.

☐ Liefern Sie nur so viele Informationen, wie nötig sind, um das Interesse des Lesers zu wecken; zu viele Details können Ihnen schaden.

- [ ] Den Arbeitgeber interessiert, ob Sie über die Kenntnisse verfügen, die er braucht. Wenn aus Ihrem Lebenslauf nicht deutlich die entsprechende Kompetenz hervorgeht, wird es keine Einladung zum Vorstellungsgespräch geben.
- [ ] Testen Sie Ihren Lebenslauf, bevor Sie ihn losschicken. Bitten Sie Freunde um ihre Eindrücke, nutzen Sie Ihr Beziehungsnetzwerk. Achten Sie darauf, wie Ihr Lebenslauf ankommt. Vermittelt er eine überzeugende Botschaft? Tritt Ihre Aussage deutlich genug hervor? Ist Ihr Lebenslauf interessant? Hat er die Kraft, neugierig zu machen?
- [ ] Ihr Lebenslauf ist wie ein Foto von Ihnen. Sie müssen sich mit ihm als „Werbemittel" wohlfühlen. Wenn er Sie nicht von Ihrer besten Seite zeigt, überarbeiten Sie ihn so lange, bis dieses Ziel erreicht ist.
- [ ] Mit jedem (faulen) Kompromiss verschwenden Sie Zeit und Geld. Geben Sie sich daher bei der Erstellung Ihrer Unterlagen stets allergrößte Mühe!

Kommentiertes Beispiel

Im Folgenden zeigen wir Ihnen die E-Mail-Bewerbung von Peter Panlow in zwei Varianten.

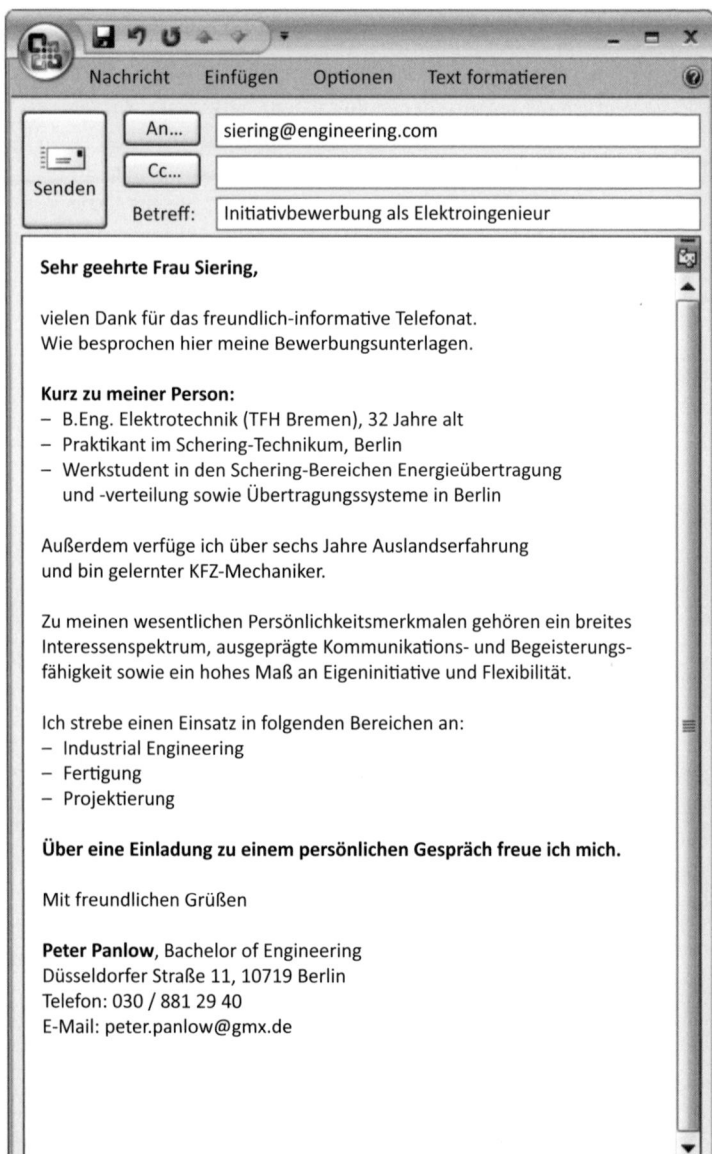

Sehr geehrte Frau Siering,

vielen Dank für das freundlich-informative Telefonat.
Wie besprochen hier meine Bewerbungsunterlagen.

Kurz zu meiner Person:
– B.Eng. Elektrotechnik (TFH Bremen), 32 Jahre alt
– Praktikant im Schering-Technikum, Berlin
– Werkstudent in den Schering-Bereichen Energieübertragung
  und -verteilung sowie Übertragungssysteme in Berlin

Außerdem verfüge ich über sechs Jahre Auslandserfahrung
und bin gelernter KFZ-Mechaniker.

Zu meinen wesentlichen Persönlichkeitsmerkmalen gehören ein breites
Interessenspektrum, ausgeprägte Kommunikations- und Begeisterungsfähigkeit sowie ein hohes Maß an Eigeninitiative und Flexibilität.

Ich strebe einen Einsatz in folgenden Bereichen an:
– Industrial Engineering
– Fertigung
– Projektierung

Über eine Einladung zu einem persönlichen Gespräch freue ich mich.

Mit freundlichen Grüßen

Peter Panlow, Bachelor of Engineering
Düsseldorfer Straße 11, 10719 Berlin
Telefon: 030 / 881 29 40
E-Mail: peter.panlow@gmx.de

Kopfzeile der E-Mail:

An... siering@engineering.com
Cc...
Betreff: Initiativbewerbung als Elektroingenieur

1. Variante

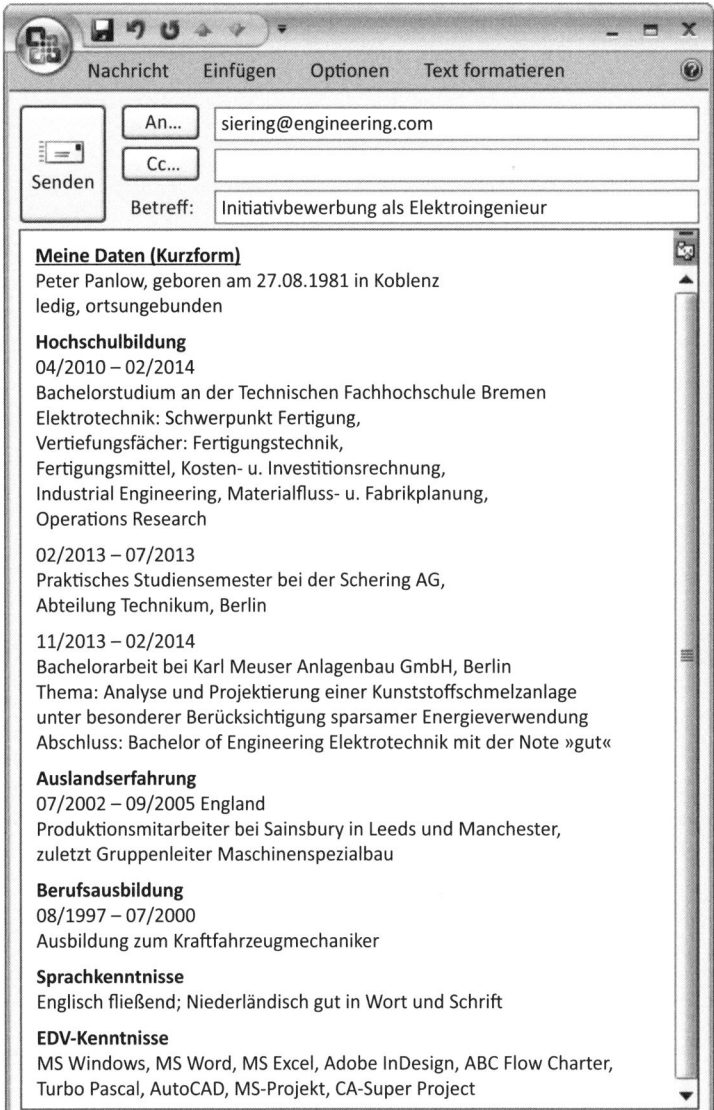

An... siering@engineering.com

Cc...

Betreff: Initiativbewerbung als Elektroingenieur

Senden

Meine Daten (Kurzform)
Peter Panlow, geboren am 27.08.1981 in Koblenz
ledig, ortsungebunden

Hochschulbildung
04/2010 – 02/2014
Bachelorstudium an der Technischen Fachhochschule Bremen
Elektrotechnik: Schwerpunkt Fertigung,
Vertiefungsfächer: Fertigungstechnik,
Fertigungsmittel, Kosten- u. Investitionsrechnung,
Industrial Engineering, Materialfluss- u. Fabrikplanung,
Operations Research

02/2013 – 07/2013
Praktisches Studiensemester bei der Schering AG,
Abteilung Technikum, Berlin

11/2013 – 02/2014
Bachelorarbeit bei Karl Meuser Anlagenbau GmbH, Berlin
Thema: Analyse und Projektierung einer Kunststoffschmelzanlage
unter besonderer Berücksichtigung sparsamer Energieverwendung
Abschluss: Bachelor of Engineering Elektrotechnik mit der Note »gut«

Auslandserfahrung
07/2002 – 09/2005 England
Produktionsmitarbeiter bei Sainsbury in Leeds und Manchester,
zuletzt Gruppenleiter Maschinenspezialbau

Berufsausbildung
08/1997 – 07/2000
Ausbildung zum Kraftfahrzeugmechaniker

Sprachkenntnisse
Englisch fließend; Niederländisch gut in Wort und Schrift

EDV-Kenntnisse
MS Windows, MS Word, MS Excel, Adobe InDesign, ABC Flow Charter,
Turbo Pascal, AutoCAD, MS-Projekt, CA-Super Project

2. Variante

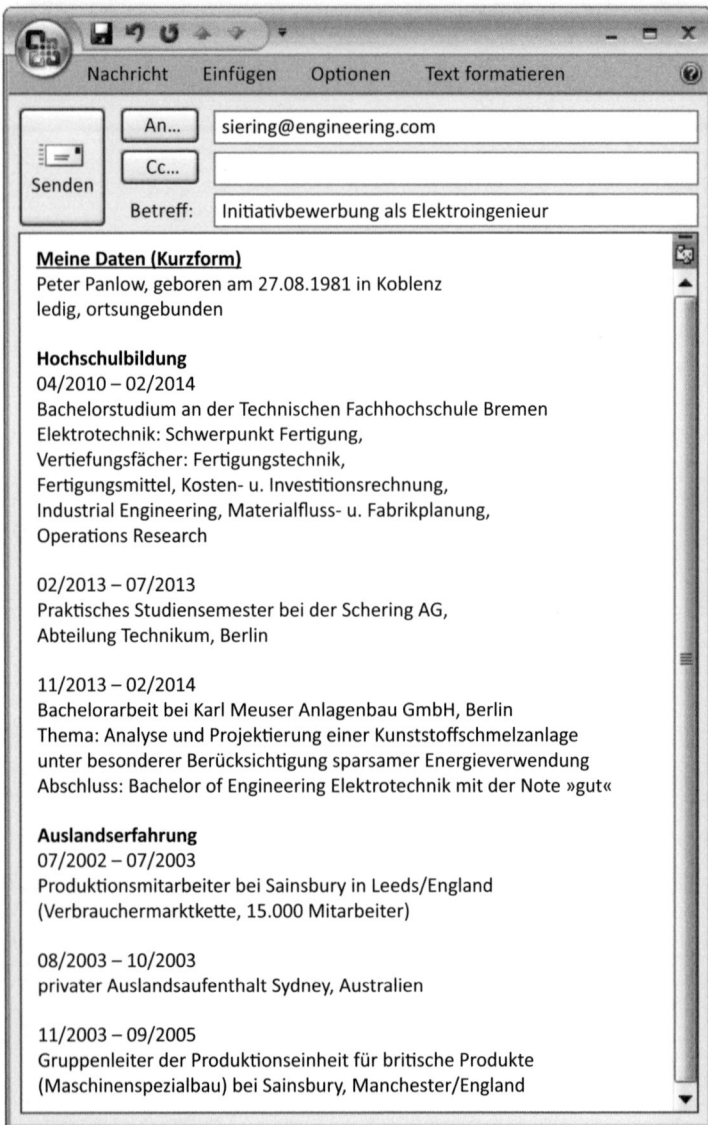

Nachricht   Einfügen   Optionen   Text formatieren

An... siering@engineering.com

Cc...

Senden

Betreff: Initiativbewerbung als Elektroingenieur

Meine Daten (Kurzform)
Peter Panlow, geboren am 27.08.1981 in Koblenz
ledig, ortsungebunden

Hochschulbildung
04/2010 – 02/2014
Bachelorstudium an der Technischen Fachhochschule Bremen
Elektrotechnik: Schwerpunkt Fertigung,
Vertiefungsfächer: Fertigungstechnik,
Fertigungsmittel, Kosten- u. Investitionsrechnung,
Industrial Engineering, Materialfluss- u. Fabrikplanung,
Operations Research

02/2013 – 07/2013
Praktisches Studiensemester bei der Schering AG,
Abteilung Technikum, Berlin

11/2013 – 02/2014
Bachelorarbeit bei Karl Meuser Anlagenbau GmbH, Berlin
Thema: Analyse und Projektierung einer Kunststoffschmelzanlage
unter besonderer Berücksichtigung sparsamer Energieverwendung
Abschluss: Bachelor of Engineering Elektrotechnik mit der Note »gut«

Auslandserfahrung
07/2002 – 07/2003
Produktionsmitarbeiter bei Sainsbury in Leeds/England
(Verbrauchermarktkette, 15.000 Mitarbeiter)

08/2003 – 10/2003
privater Auslandsaufenthalt Sydney, Australien

11/2003 – 09/2005
Gruppenleiter der Produktionseinheit für britische Produkte
(Maschinenspezialbau) bei Sainsbury, Manchester/England

2. Variante (Fortsetzung)

Nachricht   Einfügen   Optionen   Text formatieren

Berufsausbildung, praktische Tätigkeiten
08/1997 – 07/2000
Ausbildung zum Kraftfahrzeugmechaniker

08/2000 – 07/2002
Verschiedene Tätigkeiten als Produktionsmitarbeiter

02/2011 – 06/2012
Werkstudent bei der Bayer AG, Berlin

Schulausbildung
1987 – 1997
Grundschule und Hauptschule in Zeven

1997 – 1999
Ausbildungsbegleitender Besuch der Fachoberschule
Maschinen- und Elektrotechnik in Bremen
Abschluss: Fachhochschulreife mit der Note »sehr gut«

Sprachkenntnisse
Englisch fließend; Niederländisch gut in Wort und Schrift

EDV-Kenntnisse
MS Windows, MS Word, MS Excel, Adobe InDesign, ABC Flow Charter,
Turbo Pascal, AutoCAD, MS-Projekt, CA-Super Project

Interessen
Fernöstliche Philosophie und Lean Management,
Skifahren, Musizieren (Trompete)

2. Variante (Fortsetzung)

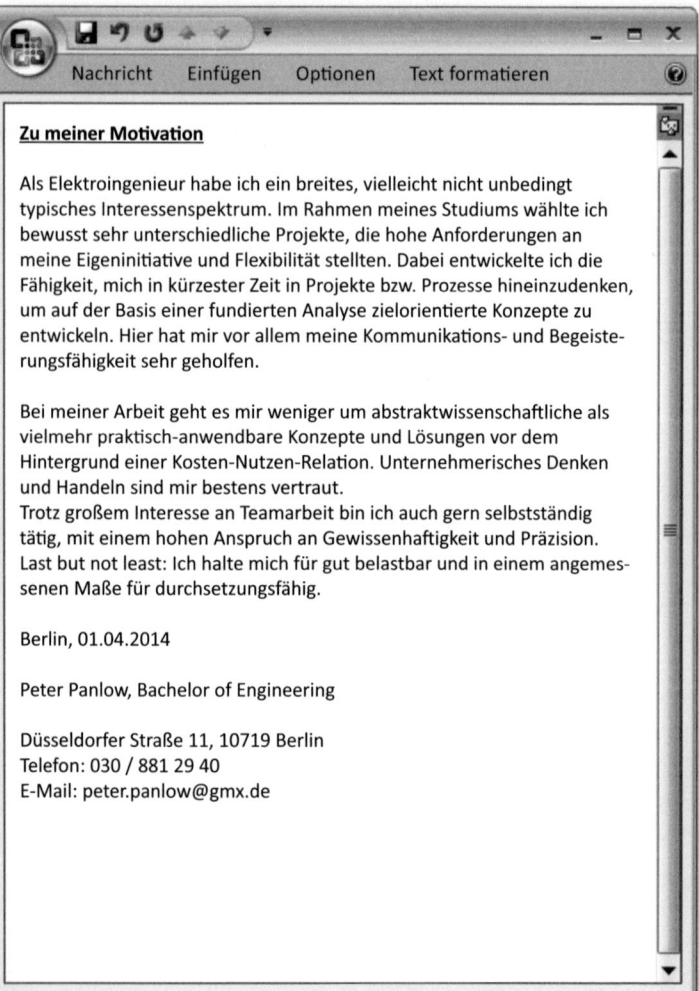

Zu meiner Motivation

Als Elektroingenieur habe ich ein breites, vielleicht nicht unbedingt typisches Interessenspektrum. Im Rahmen meines Studiums wählte ich bewusst sehr unterschiedliche Projekte, die hohe Anforderungen an meine Eigeninitiative und Flexibilität stellten. Dabei entwickelte ich die Fähigkeit, mich in kürzester Zeit in Projekte bzw. Prozesse hineinzudenken, um auf der Basis einer fundierten Analyse zielorientierte Konzepte zu entwickeln. Hier hat mir vor allem meine Kommunikations- und Begeisterungsfähigkeit sehr geholfen.

Bei meiner Arbeit geht es mir weniger um abstraktwissenschaftliche als vielmehr praktisch-anwendbare Konzepte und Lösungen vor dem Hintergrund einer Kosten-Nutzen-Relation. Unternehmerisches Denken und Handeln sind mir bestens vertraut.
Trotz großem Interesse an Teamarbeit bin ich auch gern selbstständig tätig, mit einem hohen Anspruch an Gewissenhaftigkeit und Präzision.
Last but not least: Ich halte mich für gut belastbar und in einem angemessenen Maße für durchsetzungsfähig.

Berlin, 01.04.2014

Peter Panlow, Bachelor of Engineering

Düsseldorfer Straße 11, 10719 Berlin
Telefon: 030 / 881 29 40
E-Mail: peter.panlow@gmx.de

Zu den Unterlagen von Peter Panlow

Der Kandidat hat sich bei seiner E-Mail-Bewerbung für eine Kombination aus Anschreibentext und Lebenslaufdaten entschieden. Bei der Bewerbung via E-Mail sind unbedingt einige Besonderheiten zu berücksichtigen, will man einen positiven Eindruck beim Empfänger bewirken.

Zunächst hier sehr auffällig: die kurze Zeilenlänge. Grund: Da Sie nicht wissen können, wie sich der von Ihnen als E-Mail versendete Text auf dem Bildschirm bzw. im Ausdruck des Empfängers darstellt und liest, ist eine kurze Zeilen-„Komposition" nur von Vorteil. Hierbei gilt es wie bei der papierenen Bewerbung auch, den Gedanken, die Botschaft gut im und mit dem Zeilenfluss zu transportieren, um dadurch das Leseverständnis zu fördern. Eine Anzahl von maximal 60 Anschlägen pro Zeile ist dabei Orientierungsgröße, um diesen Effekt sicher zu erzielen.

Das ist dem Bewerber in diesem Beispiel außerordentlich gut gelungen. Der Aufbau des **Anschreibentextes** ist kurz und bringt die Information bestens auf den Punkt. Die beiden Aufzählungen vermitteln auch dem schnellen Leser: Hier weiß einer, was er anzubieten hat und was er will. Mehr wäre fast schon gar nicht nötig, um vonseiten des Auswählers einen Anruf beim Absender zu erwirken, der eine Art Vor-Vorstellungsgespräch darstellen könnte oder gleich die Einladung (kann natürlich auch per E-Mail geschehen) zum „richtigen" Vorstellungsgespräch beinhaltet. Aber unser Kandidat bietet noch mehr an. Denkbar wäre an dieser Stelle jetzt auch ein Anhang gewesen, der die **Lebenslauf**-Unterlagen beinhaltet. Diese sollen so gestaltet sein, wie man sie ausgedruckt normalerweise auf dem Postweg (klassisch) verschickt. Unser Kandidat hat sich aber für eine Kurzversion seines Lebenslaufes direkt in der Mail unter der Überschrift „Meine Daten" entschieden und diese sehr geschickt zusammengestellt. Da sich dieses Info-Angebot direkt an den ersten Text anschließt, kann man sicher davon ausgehen, dass es auch gelesen wird.

Wir stellen Ihnen hier zunächst die **1. Variante** vor. Unter einer geschickt gewählten Überschrift („Meine Daten") präsentiert der Kandidat auf weniger als einer Seite (ausgedruckt) seine – durch Fettdruck schnell erkennbaren – Sozialdaten, Hochschulbildung, Auslandserfahrung, Berufsausbildung sowie Sprach- und EDV-Kenntnisse.

Hier sind wirklich alle relevanten Daten übersichtlich zusammengestellt. Der gesamte Text ist linksbündig und Abstände sowie die Fettdruck-Überschriften gliedern ihn einfach, aber effizient. Leider bleiben Persönlichkeitsträger wie Interessen, Hobbys oder soziales Engagement dabei unberücksichtigt. Dies ist aber nur der unbedingten Kürze geschuldet. Bei diesem Punkt kann jeder seine eigenen Prioritäten setzen und immer noch etwas hinzufügen.

Als Alternative zu dieser knappen, aber präzisen Form betrachten wir die **2. Variante**, die deutlich ausführlicher ist (jetzt sind es zwei Seiten im Ausdruck).

Der (**Anschreiben-**)Text bleibt gleich. Hier ausführlicher zu werden ist nicht nötig. Wir haben ja den besonderen Textblock („Zu meiner Motivation"), der – angelegt an die Dritte Seite – noch einige zusätzliche und vor allem sehr persönlich gefärbte Informationen gut transportiert.

Aufbau und Zeilengestaltung werden wie in der vorherigen Variante gehandhabt. Jetzt kommen lediglich einige **Lebenslauf-**, Ausbildungs- und Berufsstationen hin zu. Beurteilen Sie selbst, inwieweit der Mehrgewinn an Information Länge und Ausführlichkeit rechtfertigt.

Besondere Beachtung verdient sicherlich der ausführliche Textblock zur **Motivation**, der wirklich überzeugend formuliert ist. Hier präsentiert sich jemand als praktisch veranlagt mit einer guten Portion Ambition, einem unternehmerischen Bewusstsein für Kosten-Nutzen-Relation, kurzum: zielorientiert. Das hat dann auch in der Realität nicht seine Wirkung verfehlt!

Das Foto

Ihr Foto ist eine der wichtigsten Komponenten in Ihren Bewerbungsunterlagen. Wer damit schon zu Beginn des Auswahlverfahrens Sympathie mobilisieren kann, hat einfach die besseren Chancen. Deswegen sind höchste Sorgfalt, ein gewisses Engagement und ein besonderes Einfühlungsvermögen für die eigene Persönlichkeit und die Erwartungen Ihres Gegenübers nötig.

Der Personalchef wird als Erstes einen Blick auf Ihr Foto werfen und sich in Sekundenschnelle ein Urteil bilden: Was für einen Eindruck macht dieser Mensch? Wirkt er/sie sympathisch oder unsympathisch? Mürrisch oder freundlich? Zugewandt oder verschlossen? Und hat der Bewerber ein professionelles, gut gemachtes Foto eingeschickt, das auch ein Bild von seinem Selbstwertgefühl und der Ernsthaftigkeit seines Anliegens vermittelt? Mit diesem Eindruck beginnt der Empfänger, Ihre Bewerbung durchzublättern.

Bildproduktion Gehen Sie zu einem professionellen Fotografen; alles andere (Privatfotos, Automatenbilder) ist in der Regel indiskutabel. Besprechen Sie mit ihm, wofür Sie die Fotos brauchen und wie Sie „rüberkommen" wollen. Das ist eine Investition, die sich lohnt. Lassen Sie eine größere Auswahl an Fotos anfertigen und legen Sie diese dann (wohlmeinenden) Freunden zur Beurteilung vor, um gemeinsam das beste auszuwählen. Für Ihre E-Bewerbung verwenden Sie natürlich digitale Fotos, gute Scans sind aber auch möglich.

Format Ein winziges (oder auch nur recht kleines) Foto legt die Deutung nahe, dass Sie sich nicht wichtig genug nehmen. Umgekehrt spricht ein Postkartenporträt Bände über Ihre Eitelkeit. Ein guter Mittelweg: etwa 6 x 4,5 cm. Testen Sie auch einmal ein ungewöhnliches Querformat. Unsere Beispiele (Seite 77) zeigen interessante Formate und attraktive Bildausschnitte. Der Kopf darf ruhig ein wenig angeschnitten sein, weil es so viel spannender (dynamischer) wirkt.

Probieren Sie ruhig verschiedene Varianten aus, verhandeln Sie mit Ihrem Fotografen und befragen Sie Ihre persönlichen Berater.

Farbe Wir empfehlen ein Schwarz-Weiß-Foto, da es Sie sowohl zurückhaltender als auch interessanter erscheinen lässt und dem Betrachter mehr Interpretationsmöglichkeiten bei der Beurteilung Ihres Gesichts gibt. Falls Sie dennoch ein Farbfoto vorziehen, wählen Sie dezente Kleidung und – für Frauen – sparsames Make-up.

Kleidung Von einem leger-offenen Hemdkragen ist ebenso abzuraten wie von einem tiefen Einblick in weibliche Reize. Wählen Sie die Kleidung, die dem von Ihnen angestrebten Berufsstand angemessen ist. Die Haare sollten gepflegt sein und auf keinen Fall die Augen verdecken – Sie haben doch nichts zu verbergen!

Wir empfehlen: Suchen Sie sich für den Fototermin einen Tag aus, an dem es Ihnen gut geht. Lächeln Sie ein wenig, machen Sie ein freundliches Gesicht. Denken Sie an etwas Schönes.

Posen Statt der ganz typischen „Kopf und Kragen"-Fotos (wie beim Passfoto) bietet sich die Möglichkeit an, Arme, Hände und Oberkörper mit aufs Bild zu bringen, sich z. B. auch in einer Arbeits- oder Gesprächssituation ablichten zu lassen. Wenn Sie Anregungen suchen, schauen Sie doch einmal in (berufstechnisch gesprochen) Ihre entsprechenden Medien wie beispielsweise *manager magazin* oder *Werben & Verkaufen*. Und auch das gibt Orientierung: Studieren Sie PR-Unterlagen von Unternehmen aus Ihrer Branche.

Foto 1

Foto 2

Foto 3

Foto 4

Foto 5

Foto 1: Ein sehr außergewöhnliches Format, ein heller, fast weißer Hintergrund und ein leicht angeschnittener Kopf lösen sofort Interesse aus, machen dieses Bild zum Hingucker und transportieren viel Sympathie.

Foto 2: Interessantes Format, gut ausgefüllt, leicht angeschnitten, ein deutlicher Hingucker. Darauf verweilt das Auge länger …

Foto 3: Eher der Klassiker, aber wegen der Helligkeit allein auf dem Gesicht – verstärkt durch das weiße Hemd – schon sehr auffällig.

Foto 4: Quadratisch mit deutlicher Konzentration auf das Gesicht, gut ausgefüllt mit leichtem Anschnitt. Das Foto wirkt!

Foto 5: Ganz starke Zentrierung auf das Gesicht, klassisches Format, aber starker Anschnitt machen das Foto sehr wirkungsvoll, weil man sich auch direkt angeschaut fühlt!

Das Foto und das AGG Im August 2006 ist das AGG (Allgemeines Gleichbehandlungsgesetz) in Kraft getreten. Bei dieser Initiative handelt es sich um eine ursprünglich sehr gute Idee, welche bestimmte Diskriminierungen ausschließen sollte. Was die aktuelle Bewerbungspraxis betrifft, sorgt es jedoch leider für mehr Kompliziertheit und Verunsicherung bis hin zu Rechtskämpfen. Fakt ist: Von der Jobanbieterseite her dürfen keine Fotos mehr verlangt werden. Diese Anforderung darf in keiner Stellenausschreibung auftauchen. Es steht aber natürlich jedem Bewerber frei, von sich aus seiner Bewerbung ein Foto beizufügen.

Die Anlagen

Das Wort „Anlagen" suggeriert, es könnte sich um eine Art nebensächliches Anhängsel handeln. Doch unterschätzen Sie die Bedeutung dieser Papiere nicht. Zu den Anlagen gehören Fotokopien von Ausbildungsabschlüssen, Fortbildungszertifikaten und die Arbeitszeugnisse. Selbst wenn Sie nur drei Papiere dieser Art beizulegen haben, ist ein Anlagenverzeichnis als Übersicht schon sinnvoll. Da es aber häufig um 10 – 20 unterschiedliche Dokumente geht, ist es umso lesefreundlicher, wenn Sie einen Überblick in Form eines Anlagenverzeichnisses geben. Mehr dazu ab Seite 92.

Arbeitszeugnisse Sie gehören zu den wichtigsten Anlagen und sollten daher an erster Stelle stehen. Relevant sind die beiden letzten Zeugnisse bzw. diejenigen, welche die letzten zehn Jahre dokumentieren. Nun hat es sich herumgesprochen, dass Arbeitszeugnisse die Leistung des Arbeitnehmers in einer Art Geheimsprache zu beurteilen versuchen. Jedoch kennt nicht jeder Chef (z. B. in einem kleinen Unternehmen) die entsprechenden Formulierungen dieser Geheimsprache und so kann er Zeugnistexte auch nicht immer richtig interpretieren. Natürlich weiß dieser unbedarfte Chef, wenn

er selbst ein Zeugnis ausstellen muss, nicht, was er damit möglicherweise (ungewollt) dem nächsten Arbeitgeber über den Bewerber mitteilt. Wenn Sie sich nicht sicher sind, was „wirklich" in Ihrem
Zeugnis steht, wenden Sie sich an entsprechende Experten.

Schul- und Ausbildungszeugnisse Seien Sie zurückhaltend mit
Schulabschlusszeugnissen oder Zeugnissen der berufsorientierten
Basisausbildung (Lehre), es sei denn, Sie sind noch sehr jung und
haben deshalb nicht viel anderes vorzuweisen. Es wirkt eher lächer-
lich, wenn ein 50-jähriger Kandidat den Bewerbungsunterlagen sein
Abiturzeugnis beilegt. Diplom- oder andere Abschlusszeugnisse
könnten, wenn sie nicht gerade älter als 10 – 15 Jahre sind, eventuell
sinnvoll sein. Generell gilt: Immer den höchsten Ausbildungsabschluss in die Anlage, also bei Studium kein Abizeugnis, bei Abitur
keins der Mittleren Reife usw.

Andere Anlagen Zertifikate von privaten Einrichtungen oder
Kursen sind nur dann sinnvoll, wenn Sie inhaltlich etwas mit der
entsprechenden Bewerbung zu tun haben. Zertifikate über Volks-
hochschulkurse können Sie beifügen, wenn diese speziell Ihrer
beruflichen Weiterbildung gedient haben.
Neben jeder Art von Zeugnis können Sie beispielsweise Referenz-
adressen (siehe Seite 93), eigene Erklärungen (siehe Seite 92), eine
Auflistung, welche weiteren Papiere Sie noch vorlegen könnten,
Arbeitsproben oder Zusammenfassungen von Projekten zu den Anlagen hinzufügen.

Kommentiertes Beispiel

Auf den folgenden Seiten stellen wir Ihnen die gelungene E-Mail-
Bewerbung eines Medienprofis vor. Er hat zwei verschiedene Anschreiben direkt im E-Mail-Fenster sowie einen ausführlichen Lebenslauf im Anhang vorbereitet.

1. Variante

Nachricht   Einfügen   Optionen   Text formatieren

An...   hans.tiedjens@burdaverlag.org

Cc...

Senden

Betreff: Vakanz Geschäftsführungsposition

Sehr geehrter Herr Tiedjens,

als erfahrener Medien- und Zeitungsredaktionsleiter mit vielseitigem Erfahrungshintergrund möchte ich mich Ihnen vorstellen: In den letzten Jahren verantwortete ich die inhaltliche und organisatorische Neuausrichtung einer Tageszeitung im süddeutschen Raum (Auflage über 200.000 mit 22 Lokalausgaben und einer Personalverantwortung von bis zu 50 fest angestellten Redakteuren). Dieser Umgestaltungsprozess ist so gut wie abgeschlossen. Erfolgreich!

Neben meiner journalistischen Ausbildung verfüge ich über ein abgeschlossenes Psychologiestudium. Aktuell leite ich zwei Regionalredaktionen mit sieben Lokalredaktionen.

Meine Hauptaufgaben sind dabei:

- Einführung und Arbeit an den beiden regionalen Newsdesks, die Tageszeitung, Anzeigenblatt, Online-Auftritt, Radio und Regionalfernsehen bedienen
- Etatplanung und -verwaltung; Controlling
- Blattentwicklung, Blattkonzeption und Qualitätssicherung
- Aktionsplanung in Abstimmung mit Anzeigen, Marketing und Vertrieb

Kurz zu meiner Person:

- geboren in Pühl am 10.9.1965
- verheiratet mit Ehefrau Martina (Klinische Psychologin)

Gerne stehe ich Ihnen für ein Vorabtelefonat (0751 1337080) zur Verfügung und schicke Ihnen auf Wunsch meine schriftlichen Bewerbungsunterlagen inkl. Zeugnisse.

Mit besten Grüßen
Frank Feller

Bewerbung Frank Feller

Frank Feller • Alpenstr. 15 • 88194 Ravensburg • 0176 13780 • F.Feller@gmx.net

2. Variante

Nachricht   Einfügen   Optionen   Text formatieren

An...   hans.tiedjens@burdaverlag.org

Cc...

Senden   Betreff: Vakanz Geschäftsführungsposition

Sehr geehrter Herr Tiedjens,

als erfahrener Medien- und Zeitungsredaktionsleiter verantworte ich die inhaltliche und organisatorische Neuausrichtung einer Tageszeitung im süddeutschen Raum (Auflage über 200.000 mit 22 Lokalausgaben und einer Personalverantwortung von bis zu 50 fest angestellten Redakteuren). Aktuell leite ich zwei Regionalredaktionen mit sieben Lokalredaktionen.
Mehr über mich in der beigefügten Datei.

Mit besten Grüßen
Frank Feller   Bewerbung Frank Feller

Frank Feller • Alpenstr. 15 • 88194 Ravensburg • 0176 13780 • F.Feller@gmx.net

LEBENSLAUF

- geboren in Pühl am 10.09.1965
- verheiratet mit Ehefrau Martina (Klinische Psychologin)
- eine Tochter (10 Jahre)

BERUFSSTATIONEN

Oktober 2012 bis heute

Projektleiter im Medienhaus SCHWABEN VERLAGS AG
„Zeitung mit Zukunft: die inhaltliche und organisatorische Neuausrichtung
der SCHWABEN-ZEITUNG":

- neue Blattkonzepte für alle 22 Ausgaben
- Einführung von sechs regionalen und einem Mantel-Newsdesk
- Schulungen und Trainings
- journalistische Qualitätssicherung

„Neuaufstellung der vier Ausgaben der SZ im Landkreis Sensenburg"

- verbessertes Niveau in der Marktbearbeitung von Redaktion, Vertrieb / Anzeigen
- nachhaltige Auflagensteigerung und Steigerung der Erlöse in und um Sensenburg

Januar 2005 bis heute

Regionalchef der SCHWABEN-ZEITUNG (185.000 Ex. Gesamtauflage)
in den Landkreisen Esslingen und Maringen

- Produktverantwortung für zwei Regionalteile und sechs Lokalausgaben
- Personal- und Budgetverantwortung für zwei Regionalredaktionen
  und bis zu 50 Redakteure und feste Redaktionsmitarbeiter
- Konzeption und Einführung des Regionalauftritts mit regionalen Nachrichten-,
  Wirtschafts- und Serviceseiten

Januar 2000 bis Dezember 2004

Leiter der Lokalredaktion Alde / Memminger Tageszeitung
DIE STIMME (100.000 Ex. Gesamtauflage)

- Blattplanung
- Personaleinsatz
- Leser-Blatt-Aktionen
- Konzeption des Internet-Auftritts

März 1999 bis Dezember 1999

Redakteur in der Lokalredaktion Alde / Memminger Tageszeitung
DIE STIMME

- Schwerpunktthemen Stadtplanung, Gesundheitswesen
- Ausbildung freier Mitarbeiter
- Computerseite für DIE STIMME

FRANK FELLER MEDIEN- UND ZEITUNGSREDAKTIONSLEITER

ALPENSTRASSE 15 88194 RAVENSBURG TELEFON: 0751 1248 / 0176 13780 E-MAIL: F.FELLER@GMX.NET

April 1992 bis März 1999

Redakteur bei der kirchlichen Monatszeitung DIE BIBELPOST
in Bad Kreisstatt

- Reportagen aus dem Ausland (Philippinen, Südamerika)
- Kirchenpolitik

PSYCHOLOGIESTUDIUM IN BREMEN, REIMS UND MÜNSTER

September 1990 bis März 1992

Universität Bremen
Abschluss als Diplom-Psychologe

September 1989 bis August 1990

Institut Psychologique, Reims

April 1987 bis August 1989

Klinische Psychotherapie in Münster

WEHRDIENST

Januar 1986 bis März 1987

Im Stab einer Artillerie-Einheit

SCHULAUSBILDUNG

August 1972 bis Juni 1985

Grundschule, Schiller-Gymnasium in Münster, Abitur

SPRACHEN

- Französisch: fließend
- Englisch: fließend
- Spanisch: stabile Grundkenntnisse

ENGAGEMENT UND HOBBYS

- ehrenamtliche Presse- und Telefonarbeit für die Ravensburger Telefonseelsorge
- Segeln

Ravensburg, 7. August 2014

Frank Feller

FRANK FELLER MEDIEN- UND ZEITUNGSREDAKTIONSLEITER

ALPENSTRASSE 15 88194 RAVENSBURG TELEFON: 0751 1248 / 0176 13780 E-MAIL: F.FELLER@GMX.NET

LEISTUNGSPROFIL

Führung von zwei Regionalredaktionen mit sieben Lokalredaktionen

- Einführung und Arbeit an den beiden regionalen Newsdesks, die Tageszeitung, Anzeigenblatt, Online-Auftritt, Radio und Regionalfernsehen bedienen
- Personalplanung und -einsatz für 50 Redakteure und feste Redaktionsmitarbeiter
- Etatplanung und -verwaltung, Controlling
- Blattentwicklung, Blattkonzeption und Qualitätssicherung
- Aktionsplanung in Abstimmung mit Anzeigen, Marketing und Vertrieb
- Repräsentation der Redaktion nach außen
- Führung und Ausbildung der freien Mitarbeiter

Blattentwicklung und Projektmanagement

- Leitung des Projekts „Zeitung mit Zukunft" für die Gesamtredaktion der Schwaben-Zeitung als Beauftragter des Herausgebers und Chefredakteurs
- neue Konzeption für die Schwaben-Zeitung, die sich seit 2007 deutlicher als bisher regional positioniert
- Entwicklung neuer lokaler Blattkonzepte für über 20 Lokalausgaben
- Qualitätssicherung der Blattkonzepte
- Konzeption und Einführung von sechs regionalen Newsdesks und dem Zentral-Newsdesk in der Hahnkircher Zentralredaktion
- Entwicklung von Schulungen und Trainings für alle Redakteure und freien Mitarbeiter zur Einführung journalistisch-ethischer Standards

Ausbildung der Volontäre

- Begleitung der Volontäre in regelmäßigen Gesprächen, Beurteilung
- Planung der internen und externen Ausbildungsstationen

Journalistische Tätigkeiten

- eigenständige Berichterstattung in allen journalistischen Darstellungsformen für Zeitungen, Zeitschriften, Agenturen und Pressestellen
- Redaktion fremder Texte
- Auswahl von Fotos, eigene Bildberichterstattung
- Layout kompletter Seiten von A bis Z im elektronischen Ganzseitenumbruch
- inhaltliche und grafische Gestaltung von Themenseiten der Wochenendbeilagen
- Redaktion der Computerseite der Stimme

Leser-Blatt-Bindung

- Aktionen für die Leser-Blatt-Bindung (z. B. Diskussionsveranstaltungen „Ihre Lokalzeitung vor Ort", „Zeitung in der Schule")
- Begleitung von Leserreisen mit bis zu 300 Teilnehmern

Zeitungstechnik und EDV

- Planung und Einsatz moderner Redaktionssysteme (Linopress, QuarkXPress)
- Zeitungsproduktion (fünf Lokalausgaben, teilweise in 4C)
- digitale Fotografie

Weiterbildung

- Seminare „Service im Lokaljournalismus", „Platz 1 für den Lokalteil"
- Projektmanagement, Mitarbeitergespräch, Gerichtsberichterstattung

Zu den Unterlagen von Frank Feller

Der „Medien- und Verlagsmensch" bewirbt sich mit einer **E-Mail-Bewerbung**. Zuerst sehen Sie zwei Varianten eines Anschreibens direkt in der Maske des E-Mail-Programms. Sie zeigen unterschiedliche Möglichkeiten der Präsentation.

In der 1. Variante enthält die Mail das **Anschreiben**, das normalerweise oben auf der Bewerbungsmappe liegt. Lebenslauf und Leistungprofil sind als PDF-Dateien angehängt.

Eine Alternative (vgl. 2. Variante) wäre, das ausführliche Anschreiben wie einen Brief gestaltet als PDF anzuhängen. Dann dient die Kurz-Mail eigentlich nur dazu, die beigefügten Anlagen zu moderieren. Hier erwartet der Empfänger maximal drei Anlagen: Anschreiben, Werdegang und extra zusammengestellt die Arbeitszeugnisse. (Auf die Darstellung des gestalteten Anschreibens haben wir hier allerdings verzichtet.) Herr Feller hat sich dazu entschieden, alles gemeinsam in einer PDF-Datei zu verschicken.

Nun zu den Anhängen, die wir Ihnen als „Ausdruck" zeigen: Angenehm ist die durchgängige grafische Gestaltung der Papiere. Die Kopfzeile enthält alle wichtigen Kontaktdaten.

Im **Lebenslauf** präsentiert der Bewerber nach seinen Sozialdaten (die neben der Ehefrau auch die Tochter beinhalten, was eher außergewöhnlich ist) als Erstes seine Berufsstationen. Diese sind beeindruckend. Sehr geschickt, wie hier die wichtigsten Verantwortungsbereiche bei jeder Station auf den Punkt gebracht sind. Schon das gibt einen guten Einblick in die Arbeitswelt und Aufgabenvielfalt des Bewerbers. Die zweite Seite ist dann hauptsächlich der Ausbildung und den anderen üblichen Rubriken vorbehalten.

Das eher kleine, quadratische **Foto**, klassisch positioniert auf der ersten Lebenslaufseite oben rechts, hätte ruhig ein bisschen größer sein dürfen. Es wirkt aber auch so ganz sympathisch und ist ein echter Hingucker.

Jetzt folgt aber noch eine **Dritte Seite**, übertitelt mit „Leistungsprofil". Das macht sofort neugierig. Auch wenn diese Seite etwas überladen wirkt, wird der Empfänger sich nicht entziehen können und das angebotene Material studieren. Genau dafür wurde diese Seite geschaffen. In sieben Punkten präsentiert uns der Medienmensch Feller seine beruflichen Highlights. Warum er zu guter Letzt auch noch den Punkt „Weiterbildung" eingefügt hat, erklärt sich leider nicht. Hat er diese Themen als Referent angeboten oder sich selbst als Teilnehmer weitergebildet? Diese Frage könnte beim Vorstellungsgespräch auftauchen.

Einschätzung: Schöne Bewerbung mit Aussicht auf Erfolg – wenn auch ein Punkt im Leistungsprofil ungeklärt bleibt.

Auffallen durch Profil, Deckblatt, Dritte Seite, Anlagenverzeichnis, Referenzen

Profil

Ihrem Profil kommt eine ähnlich hohe Bedeutung zu wie Ihrem Lebenslauf (besser: beruflicher Werdegang). Es hat die spezielle Funktion, Ihr besonderes Nutzenangebot, Ihren USP (Alleinstellungsmerkmal) kurz und knapp zu vermitteln und Ihre Problemlösungsfähigkeiten überzeugend vor Augen zu führen. Das macht Ihr Lebenslauf auch, aber in deutlich anderer Form. Bei beiden geht es um den Nachweis Ihrer speziellen Kompetenz, hohen Leistungsmotivation und besonderen Persönlichkeit (KLP). Ihr Profil soll in ganz kurzer Form Auskunft darüber geben, was Sie aktuell leisten können (und bereits auch diesbezüglich schon geleistet haben), um einen Personalentscheider sicherer abschätzen zu lassen, ob er Ihnen die neue Aufgabe zutrauen kann.

Ein gutes Profil, das Sie auch allein, ohne weitere Anlagen, nur mit einem kurzen Anschreiben verschicken könnten, kann Ihnen wesentlich dabei helfen, im Bewerbungsprozess weiterzukommen. Bei der Anfertigung eines solchen Profils haben Sie viele Möglichkeiten, sich positiv aus der Masse der Bewerber abzuheben.

Zum Inhalt Ihr Profil bildet die wichtigsten „Marker" ab, die erkennen lassen, dass Sie für die zu besetzende Position, die anstehenden Probleme, Aufgaben etc. die richtige, am besten geeignete Person sind.

Zum Umfang Alles, was Sie für diese Aufgaben besonders qualifiziert und interessant macht, muss zu Papier gebracht werden, alles andere lassen Sie weg. Auch an dieser Auswahl erkennt man, mit wem man es zu tun hat! Ihr Profil sollte deshalb nicht mehr als eine, vielleicht maximal zwei Seiten umfassen!

Zur Form Für Ihr Profil (genau dies ist auch die Überschrift: Profil) gelten die gleichen Layout-Regeln (Stichwort Ästhetik) wie für den Lebenslauf. Unter der Überschrift folgt ein zweispaltiger Aufbau, dessen Abteilungen durch linksseitige Überschriften (oder Stichworte) geprägt sind und deren inhaltliche Ausführung rechts daneben stattfindet. Übrigens: Es ist nicht üblich, das Profil zu unterschreiben! Die folgenden Punkte sind eine Anregung, es gibt keine feststehenden Themen, wie sich Ihr Profil aufbaut.

Übersicht Hier finden Sie ausgewählte Themen sowie die Überschriftenvorschläge dazu, die Sie in die **linke** Spalte platzieren und die Ihr (Angebots-)Profil abbilden. In der **rechten** Spalte nehmen Sie zu jedem Punkt inhaltlich Stellung.

› Vor- und Zuname, Geburtsdatum/Ort
› Berufsbezeichnung
› Kontaktdaten (nur die wichtigsten)
› Ausbildungshintergrund
› Schwerpunktkenntnisse und Erfahrungen (das ist sehr wichtig!)
› durchgeführte Projekte/erzielte Erfolge (hier steht am meisten!)
› ggf. berufliche Auslandsaufenthalte
› Weiterbildung und Seminare
› ggf. Mitgliedschaften in Verbänden und Fachgremien
› Engagement, Interessen
› Sprachkenntnisse
› EDV-Kenntnisse
› Führerscheine/Lizenzen
› ggf. Veröffentlichungen, Vorträge
› ggf. Lehr- und/oder Prüfungs- und/oder Gutachtertätigkeit

Als Beispiel eines Bewerberprofils zeigen wir Ihnen hier die Profilcard von Lino Langmüller, die sich auch als PDF bzw. digital auf einer Homepage verwenden lässt:

Lino Langmüller

Finanzgutachter

• 01234/124 890 • Fax 01234/124 910 • Mobil 01234/133 70 80
• E-Mail l.langmueller@gmx.net • Alpenstraße 15, 88194 Baindlkirch

Berufliche Tätigkeit
• Finanzgutachter für den Sparkassenverband Süd seit 2012
• Finanzgutachter Volksbank Böblingen/Sindelfingen, 2009–2012
• Betreuer Firmenkunden Volksbank Stuttgart, 2004–2008

Ausbildung
• Studium BWL bis zum Vordiplom, dann VWL an der FU Berlin,
  Abschluss 2004: Schwerpunkt EU Bankenwirtschaftsentwicklung/
  staatl. Finanz- u. Währungssteuerung

Weiterbildung
• Challenge: Euro-Taskforce zur Einführung, Euro-Krisenmanagement Irland, 2012
• Weiterbildung Bundesbankseminare: Steuerung der EU-Geldströme, 2010–2014
• Div. Vorträge, zuletzt auf EU-Bankenwirtschaftstreffen in Genf, Mai 2014

Auslandserfahrung
• USA: SunTrust Bank, 2008–2009
• Irland: Allied Irish Banks, 2012 für 6 Monate

Skills
• Mitglied im Euro-Bankgremium Luzern e. V. (CH)
• Fördermitglied Europäischer Kunstmarkt für Fotorealismus

Hobbys
• Aktiver Segler
• Fotografie

Neben Ihrem Angebotsprofil existiert auch Ihr Suchprofil, wie beispielsweise: 30-Stunden-Woche, nur im Raum XY, Jahreseinkommen nicht unter 40 000 Euro, kleines Team bevorzugt, schnelle Entscheidungen, flache Hierarchien, hohe Eigenverantwortung, Selbstständigkeit ...

Deckblatt

Egal für welche Präsentationsform Sie sich entscheiden – es ist ratsam, die Leser Ihrer Unterlagen nicht direkt in den Lebenslauf „fallen zu lassen". Das Deckblatt soll den Einstieg erleichtern und neugierig darauf machen, was anschließend kommt. Sie können – müssen aber nicht – schon auf dieser Seite Ihr Foto (eventuell mit Ihrer Unterschrift, einem Zitat, einem Motto oder einem persönlichen Leitspruch) präsentieren.

Mögliche Bestandteile des Deckblatts können sein: Name, Kontaktdaten von Adresse bis E-Mail, Berufswunsch, als Überschrift „Bewerbungsunterlagen für (Unternehmen, Ansprechpartner, eventuell Adresse) von (Ihr Name)", Foto. Zeigen Sie bereits an dieser exponierten Stelle, dass Ihre Leser etwas Besonderes erwarten!

Dritte Seite

Überraschen Sie Ihre Leser, indem Sie eine Dritte Seite beifügen. Beim Blättern oder Scrollen in Ihren Unterlagen stößt der Personalchef auf die für ihn neue, unerwartete Seite, etwa mit der Überschrift „Was mir wichtig ist" oder „Was Sie noch wissen sollten". Was mag sich wohl dahinter verbergen?

Diese zusätzliche, sich an den Lebenslauf anschließende Extraseite ist in dieser Form immer noch relativ neu. Der Empfänger Ihrer Botschaft wird diese bestimmt sehr aufmerksam lesen und zur Kenntnis nehmen. Wem es an dieser Stelle gelingt, in wenigen kurzen Sätzen das richtige Bild zu vermitteln, darf – wenn die anderen Eckdaten stimmen – mit einer Einladung zum Vorstellungsgespräch rechnen.

An alternativen Möglichkeiten bieten sich:

> eine Extraseite mit der Auflistung Ihrer Publikationen
> die Skizzierung von besuchten Fortbildungsveranstaltungen
> Ihre besonderen Arbeitsschwerpunkte oder Projekte

Bisweilen wird immer noch eine Handschriftenprobe verlangt und manche Kandidaten schreiben dann, offensichtlich in Ermangelung einer kreativen Idee, skurrile Texte aus der Zeitung ab und scannen sie ein, was zwar auch eine Art Dritte Seite darstellt, aber leider ziemlich unglücklich wirkt. Ein individueller Text über Ihre Fähigkeiten und Stärken wäre sicherlich die bessere Lösung.

Überschrift Sie soll überraschen, Interesse, besser noch Neugierde wecken und dabei inhaltlich kurz aussagen, worum es geht. Der Kreativität sind dabei fast keine Grenzen gesetzt. Überschrift und Text sollten aber gut zueinander passen! Am besten bringen Sie zunächst die zu vermittelnde Botschaft zu Papier und formulieren dann die geeignete Überschrift.

Beispiele für die Überschrift:

> Zu meiner Bewerbung
> Meine Motivation
> Warum ich mich bewerbe
> Zu meiner Person

> Was Sie noch wissen sollten
> Ich über mich
> Was mich qualifiziert
> Warum ich?

Umfang Sie haben etwa 7 bis maximal 15 Zeilen zur Verfügung; das ist der entscheidende Platz, auf dem Sie Ihre Person, Ihre KLP-Botschaften entsprechend vorstellen. Verwenden Sie die übliche Schriftgröße, damit der Empfänger keine Mühe mit dem Lesen hat.

Inhalt Wie sehen Ihre Argumente aus, was ist Ihre Botschaft, mit der Sie beim Empfänger Interesse und Sympathie auslösen?
Thematisch kommen Aussagen zu Ihrer Person, Motivation und Kompetenz infrage. Versuchen Sie aber bloß nicht, zu viele Informationen auf diese eine Seite zu pressen, das kann eher einen nachteiligen Eindruck erzeugen. Inhaltlich darf die von Ihnen gewählte

Botschaft mit Aussagen im Anschreiben in Zusammenhang stehen, außerdem mit Daten aus dem Lebenslauf und mit Ihren Arbeitsplatzstationen. Ihr Statement darf etwas persönlicher, pointierter formuliert sein – ohne zu übertreiben.

Abschluss Am Ende sollten Sie, wie auch beim Lebenslauf, unterschreiben bzw. dort Ihre gescannte Unterschrift platzieren.

Platzierung Auch wenn die von uns genutzte Bezeichnung „Dritte Seite" (ursprünglich kommt sie aus dem Zeitungsbereich und steht dort für Hintergrundberichte) praktisch ihre Position suggeriert, steht Ihnen die Platzierung frei. Ob nun nach dem Lebenslauf oder sogar davor als eine Art Einleitung, eventuell auch im Anlagenteil (möglichst am Anfang), das ist Ihre Entscheidung.

Sondererklärungen Statt Dritter Seite können Sie auch ein anderes Papier entwickeln und es gezielt an ausgewählter Position in Ihren Bewerbungsunterlagen einsetzen. Ob Sie nun Passagen aus Ihren Arbeitszeugnissen, Dankes- und Anerkennungsschreiben, die Sie erhalten haben oder sonstige positive Stimmen zitieren, bleibt Ihnen und Ihrer Dramaturgie überlassen. Unser Beispiel auf Seite 142 zeigt Ihnen einen alternativen Ansatz.
Diese spezielle kommunikative Chance können Sie auch nutzen, um beispielsweise hinter einem schlechten Arbeitszeugnis (im Anlagenteil) Ihre persönliche Erklärung zu den Umständen abzugeben. Hier dürfen Sie Ihrem Leser auch vermitteln, warum Sie wiederholt nach sehr kurzer Zeit den Arbeitgeber gewechselt haben. Lassen Sie aber gerade diese eher heiklen kommunikativen Herausforderungen gegenchecken, bevor Sie Ihrer Mappe eine solche Erklärung beilegen, damit sich ein vermeintlicher Vorteil nicht in einen Nachteil verwandelt.

Anlagenverzeichnis

Dieser Zusatz ist einfach, aber sehr effektiv. Platziert hinter den Lebenslaufseiten vermittelt diese Seite dem Empfänger einen Überblick darüber, mit welchen beigefügten Unterlagen Sie ihn „schwarz auf weiß" beeindrucken wollen. Es geht um die Auflistung der üblicherweise im Anhang mitgelieferten Scans von Ausbildungsabschlüssen, Fortbildungszertifikaten und Arbeitszeugnissen.

Wenn Sie Ihren Unterlagen nur zwei Papiere dieser Art anzufügen haben, ist ein Anlagenverzeichnis nicht nötig und wirkt eher übertrieben. Da es aber oft schon bei noch relativ jungen Bewerbungskandidaten um zehn bis zwanzig unterschiedliche Dokumente geht, ist es nicht nur sehr leserfreundlich, sondern auch in Ihrem eigenen Interesse, wenn Sie einen schnellen Überblick in Form eines Anlagenverzeichnisses geben und darin auch die entsprechenden Rubriken aufführen.

Mögliche Reihenfolge der Anlagen:
1. Arbeitszeugnisse (das neueste zuerst)
2. Weiterbildungsnachweise (ebenso sortiert)
3. Ausbildungs- und Schulabschlusszeugnisse

Zusätzlich dient das Anlagenverzeichnis der besseren Orientierung, und der Leser stößt vielleicht in der Übersicht darauf, dass Sie an einer bestimmten Uni Ihren Abschluss gemacht oder eine spezielle Weiterbildung absolviert haben, bei einem dem Leser bekannten Arbeitgeber beschäftigt waren – und so kann er schneller das besonders interessante Dokument lesen.

Die unterschiedlichen Rubriken können Sie frei definieren, und selbst die Abfolge bleibt Ihnen weitestgehend überlassen. Sie könnten also auch mit Referenzen starten, obwohl die Arbeitszeugnisse eigentlich den Kern Ihrer beigefügten Anlagen ausmachen sollten.

Referenzen

Wollen und können Sie jemanden benennen, der für Sie als Fürsprecher auftritt? Die Referenz kann Ihren Unterlagen schriftlich beigefügt werden oder Sie geben die entsprechenden Kontaktdaten Ihres Fürsprechers für eine etwaige telefonische Nachfrage an. Wer kommt dafür infrage? Nahe Verwandte sind nicht akzeptabel. Eher lässt sich Ihr zukünftiger Chef von einem Profi, der längere Zeit mit

Ihnen zusammengearbeitet hat, beeindrucken. Es kann sich deshalb nur um Vorgesetzte handeln, in Ausnahmefällen um Personen mit öffentlich anerkannter Autorität.

Wenn Sie eine oder gar mehrere Personen kennen, die sich gerne positiv über Sie äußern möchten, kann das Ihre Bewerbung durchaus befördern. Sprechen Sie aber sicherheitshalber die Inhalte der Referenz vorher ab, damit Sie auch ganz im Sinne Ihrer gesamten Bewerbung formuliert wird.

Bei einer Referenz gibt es ein paar Formalitäten zu beachten: Sie legen in Ihre Anlagen ein Extrablatt mit der Überschrift „Referenzen" und schreiben dann etwa Folgendes: Die folgenden Personen sind bereit, über mich Auskunft zu geben … Jetzt folgen Name, Telefonnummer und/oder Adresse Ihrer Fürsprecher, möglichst auch die Position/Funktion dieser Person, eventuell, wie lange diese Person Sie kennt und in welchem Zusammenhang Sie zu Ihnen steht (mein Ausbilder, Vorgesetzter von … bis … bei …, Professor bei dem ich meine Diplomarbeit geschrieben habe etc.).

Beispiele zu Deckblatt, Dritter Seite und Anlagenverzeichnis finden Sie unter **www.berufsstrategie-exakt.de**.

Das Anschreiben

Was ein richtiges, papierenes Anschreiben enthalten sollte (nicht aber der Text Ihrer E-Mail!), ist hier aufgeführt. Falls Sie also ein Anschreiben in einer Gesamt-PDF zusammen mit den anderen Unterlagen versenden möchten, achten Sie darauf, alle folgenden Bestandteile zu berücksichtigen:

> Briefkopf mit Absenderadresse
> Empfängeradresse (personalisiert)
> Ort und Datum
> Betreff
> Anrede (personalisiert)

- ❯ Brieftext (Auftakt, Hauptteil, Schluss)
- ❯ Grußformel
- ❯ Unterschrift
- ❯ PS (optional)
- ❯ Hinweis auf Anlagen.

Wichtig Dies müssen Sie jetzt schon wissen, selbst wenn Sie sich erst dann dem Anschreiben zuwenden sollten, sobald alle anderen Unterlagen fertig sind. Sehen Sie das Anschreiben als eine Art ideale „Bühne", um sich selbst, Ihre Persönlichkeit und Fähigkeiten besonders zu inszenieren. Das Anschreiben soll den Empfänger auf die Persönlichkeit des Bewerbers aufmerksam machen und ihn dazu bringen, sich den übrigen Dokumenten mit Interesse zuzuwenden.

Umfang Mit Rücksicht auf die gestresste Arbeitgeberpsyche gilt die goldene Regel: In der Kürze liegt die Würze. Am besten ist ein Anschreiben von einer Seite (optimal nicht mehr als 5–6, maximal 10–12 Sätze). Vertretbar sind nur in ganz wenigen Ausnahmefällen maximal eineinhalb Seiten, wenn Sie wirklich etwas ungewöhnlich Wichtiges zu kommunizieren haben. Damit fallen Sie schon sehr aus dem Rahmen. Vorsicht!

Einstieg Neben der sorgfältigen Briefkopfgestaltung, der korrekten Empfängeradresse, Ort und Datum ist es die Betreffzeile, die eine besondere Gestaltungsherausforderung darstellt. Sowohl der formulierte Betreff als auch ein (optionales) PS am Ende werden sehr aufmerksam zur Kenntnis genommen. Das ist Ihre Chance. Wem es hier gelingt, durch etwas mehr Einfallsreichtum Aufmerksamkeit zu binden, sammelt Pluspunkte (dazu gleich mehr!). Die Betreffzeile kommt übrigens ohne die früher übliche Abkürzung „Betr:" aus, also bitte unbedingt weglassen! Sie beginnen stattdessen sofort mit Ihrem eigenen Satz.

Anrede „Sehr geehrte Damen und Herren" – diese Formel kann schon einen groben Fehler darstellen. Personalisieren Sie die Anrede, finden Sie im Vorfeld heraus, wie der Entscheider heißt. Im Zweifel schreiben Sie namentlich an den Inhaber (Institutsleiter, Vorsitzenden) und gleich darunter an die „sehr geehrten Damen und Herren".

Auftakt Jeder Journalist muss seine Leser mit dem ersten Satz neugierig machen, fesseln und zum Weiterlesen „verführen". Denn Leser sind ungeduldig. Genau dasselbe gilt auch für Personaler. Deshalb sollten Sie den Einstieg Ihrer Bewerbung so gestalten, dass Ihr potenzieller Arbeitgeber „dranbleiben" will. „Hiermit bewerbe ich mich um ..." oder „Ich beziehe mich auf Ihre Anzeige ..." sind stereotype und sehr langweilige Einstiege. Als Richtlinien für den Anfang gelten: Spannung erzeugen – Interesse wecken – Freundlichkeit vermitteln.

Hauptteil Sie müssen hier in kurzer und prägnanter Form darstellen, warum Sie sich bewerben und weshalb gerade Sie der richtige, nahezu ideale Bewerber sind. Vermitteln Sie, dass Sie genau ins Anforderungsprofil der Firma passen und was Sie Besonderes zu bieten haben. Über welche Qualifikationen und Qualitäten, die z. B. den im Anzeigentext genannten Anforderungen entsprechen, verfügen Sie? Garantiert falsch: 08/15-Anschreiben, die verschickt werden wie eine Massenbriefsendung.
Beantworten Sie ebenso klar wie knapp folgende Fragen: Warum bewerben Sie sich, wo stehen Sie jetzt, und was sind Ihre Ziele?

Schluss Verwenden Sie keine Plattheiten, sondern setzen Sie einen freundlich-verbindlichen Schlusspunkt. Der letzte Satz klingt immer noch ein paar Momente im Gedächtnis nach. Beenden Sie Ihren Brief mit der Bitte um ein Vorstellungsgespräch, der Grußformel, Ihrer Unterschrift dem Hinweis auf die Anlagen und eventuell einem PS.

Zur Betreff- und PS-Zeile Die Betreffzeile gehört unbedingt ins Anschreiben! In der Mail gibt es dafür ja ohnehin ein eigenes Feld. Als Überschrift steht sie noch vor der Anrede und weist kurz darauf hin, worum es im Wesentlichen geht – egal ob Sie sich auf eine Anzeige hin bewerben oder eigeninitiativ vorstellen wollen. Auch die sorgfältig getextete Betreffzeile kann positiv wahrgenommen werden.

Beim Anschreiben dürfen Sie bis zu drei Zeilen gestalten/texten (grafisch z. B. durch Fettdruck unterstützt) und dadurch schon beim Empfänger eine gewisse Anfangserwartung wecken. Gar nicht so einfach! Und wenn Sie mit einer Frage oder Kurzzusammenfassung Ihres Angebots anstelle der üblichen Stichworte („Ihre Anzeige in ... vom ..." oder „Bewerbung als ...) starten, macht das schon einen bemerkenswerten Unterschied aus und bringt Ihnen Aufmerksamkeit ein.

Mögliche Textbausteine für Betreffzeilen:

> Diplom-Ingenieur mit langjähriger Berufserfahrung sucht Herausforderung als ...

> Ihr Stichwort: tüchtige Sekretärin; meines: Das bin ich!

> Sie suchen ... Ich biete ... (zutreffende Stichworte und Schlüsselbegriffe einsetzen!)

> Das wird ein wunderbarer Start ... (ggf. präzisieren)

> Vertrauen Sie meiner Problemlösungskompetenz (ggf. mit Zahlenangabe: „über 20-jährigen")

Noch interessanter und sehr außergewöhnlich ist die PS-Notiz, die Sie ebenfalls auffällig gestalten dürfen. Nutzen Sie die Gelegenheit, durch einen Nachsatz nochmals auf sich und Ihr Anliegen aufmerksam zu machen. Führen Sie einen Aspekt an, der Ihnen einen zusätzlichen Pluspunkt bringt. Vieles ist vorstellbar: ein Hinweis, Versprechen, Kompliment etc. Vielleicht gefällt das freundliche Postskriptum. Aufmerksamkeitsanalysen haben ergeben, dass auf einer Briefseite das PS nach der Betreffzeile (oder einer anderen Überschrift) die größte Beachtung findet.

Beispiele für PS-Botschaften:

> PS: Mit einer kleinen Arbeitsprobe möchte ich Sie von meiner Kompetenz überzeugen. Können wir dazu in den nächsten Tagen telefonieren? (oder vorbeikommen etc. ganz variabel einsetzen, nach Lage der Dinge ...)

> PS: Ich bin mir ganz sicher, die von Ihnen gestellten Aufgaben aufgrund XYZ zu Ihrer vollsten Zufriedenheit lösen zu können. Bitte rufen Sie mich an. (XYZ argumentativ bitte entsprechend texten – und es geht auch sehr gut ohne die Anrufaufforderung!)

> PS: Die richtige Arbeitsmotivation beziehe ich aus meiner Identifikation mit der Firma und ihren Produkten. Dies trifft auch bei Ihrem Unternehmen und Ihrer angebotenen Position absolut zu.

Das unterscheidet papierene und digitale Anschreiben Nutzen Sie den klassischen Weg, bleibt Ihnen für Ihr Anschreiben nur etwa eine Seite. Wenn Sie Ihre Unterlagen digital versenden, gibt es dafür zwei Gestaltungsräume, die Sie nutzen können (aber nicht müssen!). Sie haben zum einen die Mailmaske, die zumindest einen kurzen Begleittext erfordert (inklusive Betreffzeile, persönliche Anrede und Unterschrift sowie gegebenenfalls eine überzeugende PS-Zeile). Sie können zum anderen jedoch im Anhang noch ein weiteres, ganz normal gestaltetes, ausführlicheres Anschreiben beifügen. Hier haben Sie natürlich alle Freiheiten der Gestaltung wie Sie sie auch bei einer papierenen Bewerbung hätten. Sie können grafische Hervorhebungen kreieren durch unterschiedliche Schriftgrößen oder Fett-

druck, ein Logo einfügen, selbst entworfen oder von Ihrem zukünftigen Arbeitgeber, oder auch ein Foto von sich platzieren. Sie sind, wie gesagt, völlig frei in der Gestaltung, achten Sie jedoch darauf, nicht zu übertreiben. Zu verspielt oder unübersichtlich darf es nicht werden. Ein einheitlicher, stringenter, aber ansprechender Stil muss unbedingt gewahrt bleiben. Und fragen Sie sich, ob dieser zu Firma und Branche passt, für die Sie sich bewerben. Im Falle eines separaten Anschreibens im Anhang kann der Text in der Mailmaske entsprechend kurz ausfallen. Aber auch er soll, ja muss den Leser neugierig machen!

Wenn Sie jedoch kein besonderes Anschreiben neben Ihrem Lebenslauf/beruflichen Werdegang verwenden wollen, sollten Sie schon etwas mehr Aufwand für den begleitenden Mailtext treiben. Trotzdem ist besonders hier eine komprimierte, also sehr knappe Ausdrucksform erwünscht.

Checkliste: Anschreiben

Haben Sie ...

- [ ] Ihren persönlichen Briefkopf (Ihren Absender) schön, zeitgemäß und vollständig gestaltet mit: Name, Anschrift, Adresse, Telefon, ggf. Mobiltelefon, E-Mail ...?
- [ ] die Empfängeranschrift korrekt dargestellt, möglichst den Namen eines Ansprechpartners in Erfahrung gebracht und richtig geschrieben?
- [ ] Ort und Datumszeile korrekt platziert?
- [ ] eine sofort ansprechende Betreffzeile (bitte ohne „Betr.:"), die klar Auskunft gibt, worum es geht?
- [ ] möglichst einen persönlichen Empfänger herausgefunden, den Sie direkt anschreiben/ansprechen können, gegebenenfalls darunter mit der allgemeinen Ansprache „Sehr geehrte Damen und Herren". Beispiel:
  Sehr geehrter Herr Maier,
  sehr geehrte Damen und Herren, ...

☐ berücksichtigt, dass Ihr Anschreiben lesefreundlich ist (Schriftgröße 11 bis 13, Schrifttyp nicht zu ausgefallen, Seitenrand angemessen breit, ca. 4 cm links, ca. 3 cm rechts), keine „Löcher" in den Zeilen oder an deren Ende, vor allem aber keine vollgeschriebene „Bleiwüste", sondern eher kurz mit einigen Absätzen?

☐ einen netten, nicht zu langen Einstieg gefunden, gefolgt von Ihrer Motivation und Ihrem Leistungsangebot?

☐ Ihren beruflichen und persönlichen Hintergrund gelungen kurz dargestellt, ohne zu über- oder zu untertreiben?

☐ verdeutlicht, wofür Sie stehen, beruflich wie auch als Mensch und zukünftiger Mitarbeiter?

☐ die Quintessenz auf den Punkt bringen können, die Ihr Angebot ausmacht?

☐ darauf geachtet, dass Sie sich interessant machen, der Leser auf Sie neugierig wird?

☐ die geforderten Angaben (Gehaltswunsch, möglicher Eintrittstermin etc.) geschickt beantwortet?

☐ eine sympathische Abschluss-Grußformel ausgewählt?

☐ mit ausgeschriebenem Vor- und Zunamen relativ ordentlich lesbar unterschrieben (Vor- und Zuname, keine computerschriftliche Wiederholung)?

☐ eventuell ein sinnvolles PS angeführt?

☐ an die Anlagen (allein das eine Wort „Anlagen" unten reicht bereits) gedacht?

☐ Ihr Anschreiben kritisch und sehr sorgfältig gegenlesen lassen?

Hier ein Beispiel für ein gelungenes Anschreiben auf eine ausgeschriebene Stelle:

Kommentiertes Beispiel

Sanitärhaus Sturm

Wir suchen einen jungen, fleißigen Sanitärfachmann, der auch gelegentlich in unserem Hauptgeschäft unsere Kunden berät.

Wir erwarten
- abgeschlossene Berufsausbildung
- mindestens 3-jährige Berufspraxis
- selbstständiges Arbeiten
- Flexibilität (auch Wochenenddienst)
- Erfahrungen im Verkauf
- möglichst PC-Kenntnisse

Ihre schriftliche Bewerbung richten Sie an:
Anton Sturm, Burgallee 135, 21205 Hamburg

Die ausgeschriebene Stelle Hier sucht ein Handwerksbetrieb eine neue Arbeitskraft. Wichtig scheint die Einsatzfreude und die zeitliche Flexibilität des jungen und doch schon erfahrenen Bewerbers zu sein. Aber auch Selbstständigkeit und Verkaufserfahrungen sowie PC-Kenntnisse werden gewünscht. Da eine Adresse angegeben ist, könnten Sie gegebenenfalls selbst das Unternehmen aufsuchen, um einen ersten persönlichen Eindruck davon zu bekommen, wie die Atmosphäre im Betrieb ist, und natürlich um einen ersten und vor allem guten Eindruck von sich zu hinterlassen. Je sympathischer Sie bei der ersten Begegnung mit Ihrem möglichen neuen Arbeitgeber wirken, desto besser.

Unser Bewerber Auf der folgenden Seite sehen Sie das Bewerbungsanschreiben von Tobias Träger.

Tobias Träger   Am Wallgraben 2   20201 Hamburg   Telefon: 040 3542612

Anton Sturm
Sanitärhaus Sturm
Burgallee 135
21205 Hamburg   Hamburg, 29.06.2014

Ihre Anzeige vom 25.06.2014 im Abendblatt
Ihr Stichwort: fleißiger Sanitärfachmann,
meines: ... **der bin ich!**

Sehr geehrter Herr Sturm,

vielen Dank für das freundliche und informative Telefonat. Ihre Ausführungen
haben mich bestärkt, Ihnen meine Bewerbungsunterlagen persönlich vorbeizubringen.

Nach Abschluss meiner Ausbildung zum Gas- und Wasserinstallateur (Abschlussnote: gut)
habe ich fünf weitere Jahre in meinem Ausbildungsbetrieb gearbeitet.

Während dieser Zeit wurde ich sowohl mit Aufgaben der Altbausanierung betraut als auch
regelmäßig in unserem Verkaufsgeschäft in der Müllerstraße bei der **Kundenberatung** und
im Verkauf eingesetzt.

Der Umgang mit der Kundschaft hat mir immer viel Spaß und Freude gemacht und ich denke,
von mir sagen zu können, dass ich ein gewisses **Verkaufstalent** habe.

Da wir ein Kleinbetrieb waren, hat mich mein Chef von Anfang an stark gefordert und mir
eine sehr selbstständige Arbeitsweise abverlangt. Diese habe ich dann auch – wie Sie
meinem Arbeitszeugnis entnehmen können – zu seiner vollsten Zufriedenheit erfüllt.

Bedingt durch den Konkurs meines Arbeitgebers aufgrund eines Großkunden, der selbst in
Zahlungsschwierigkeiten gekommen war, bin ich gezwungen gewesen, mich zur Überbrückung
um eine andere Tätigkeit zu bemühen.
Diese fand ich kurz darauf als Hausmeister und handwerkliche Allroundkraft.
Hier habe ich nicht nur meine Flexibilität und Einsatzstärke erneut unter Beweis gestellt,
sondern konnte auch meine sonstigen handwerklichen Fähigkeiten weiter ausbauen.
Zusätzlich habe ich mich in dieser Zeit beruflich fortgebildet, wie Sie den beigefügten Anlagen
entnehmen können.

Es würde mich freuen, Sie in einem Vorstellungsgespräch von meiner Qualifikation überzeugen
zu dürfen. Laden Sie mich ein.
Eine Arbeitsaufnahme könnte dann sehr schnell erfolgen.

Mit freundlichen Grüßen

Tobias Träger

PS: Diese Bewerbungsunterlagen erstelle ich auf meinem eigenen PC (Betriebssystem Windows 8),
sodass ich Ihre Anforderungen diesbezüglich sicher erfüllen kann.

Anlagen

Zu den Unterlagen von Tobias Träger

Der gelernte Gas- und Wasserinstallateur hat bereits fünf Jahre in seinem Beruf als Geselle gearbeitet. Seit einem halben Jahr ist er arbeitslos, nachdem der Kleinbetrieb seines Meisters, bei dem er auch die Ausbildung gemacht hatte (Abschluss: gut) Konkurs ging. In dieser Zeit hat er einen Fortbildungslehrgang besucht und sich als Aushilfstätigkeit einen Nebenjob als Hausmeister organisiert. Nun möchte er endlich wieder in einem Handwerksbetrieb seiner Branche arbeiten. Er ist flexibel, was den Arbeitsanfang anbetrifft, und hat seine Unterlagen nach einem Vorabtelefonat persönlich vorbeigebracht. Das schafft einen hohen Erinnerungswert.

Absender: Die Briefkopfzeile ist vollständig und nicht langweilig.

Datum: ... ist in der richtigen Form präsentiert.

Betreffzeile: Sehr aussagekräftig (pointiert) formuliert (Anzeige, Zeitung, Zeitpunkt und mehr!).

Anrede: Persönlich formuliert und vorab telefoniert, was die Chancen enorm erhöht.

Inhalt: Wirkt überzeugend. Stilistisch ein gelungener Text (keine „Hänger" oder ständige „Ich"-Satzanfang-Wiederholungen). Der Bewerber bringt Argumente, die für ihn sprechen und als Anforderung im Anzeigentext des Unternehmens standen. Die Gliederung (Absatzgestaltung!) ist schön und enthält keine ungeschickte Aussage über die aktuelle Arbeitslosigkeit.

Länge: Ein wenig kürzer wäre besser.

Absätze: Ordentlich, gut strukturiert.

Unterschrift: Richtig so!

PS: Am Ende ein besonders gelungener, überzeugender Hinweis.

Anlagen: Genau so reicht es!

Gestaltung: Raffiniert. An wenigen, aber wichtigen Stellen ist der Text fett bzw. unterstrichen.

Fazit: Der Bewerber dürfte sehr gute Chancen haben – durch sein Vorabtelefonat, die mutig entschlossene persönliche Aktion des Vorbeibringens bis hin zum PS.

Zur E-Mail-Bewerbung generell

Inhaltlich betrachtet unterscheiden sich per Internet verschickte Unterlagen nur wenig von klassischen schriftlichen Bewerbungen. Bei beiden Varianten gelten die gleichen Erfolgskriterien bzw. wird mit der richtigen Vorbereitung die Basis für eine überzeugende Ansprache des potenziellen neuen Arbeitgebers gelegt. Fragen Sie sich zunächst: Welche konkreten Geschäftsfelder hat die Firma? In welcher Form kann ich dort meine Kompetenzen bestmöglich einbringen? Wie kommuniziere ich mein berufliches Profil erfolgreich?

Diese Punkte gilt es generell im Vorfeld zu klären, erst dann sollten Sie sich mit dem Verfassen und der Zusammenstellung der digitalen Unterlagen beschäftigen. Und, ganz klar, an dieser Stelle wird von Ihnen eine gewisse technische Kompetenz verlangt.

Leider scheitern jedoch gerade hier viele Kandidaten, weshalb aus Personalabteilungen häufig verzweifelte Klagen über die Flut unzulänglicher digitaler Bewerbungen zu hören sind. Es gibt viele Fehlerquellen, die den Bewerber von vornherein in einem schlechten Licht erscheinen lassen. Zu den typischen Fehlern der E-Mail-Bewerbung zählen:

> E-Mails samt Anhängen werden wahllos an viele Adressen verschickt.
> Die Bewerbungen beziehen sich nicht auf spezielle Inserate.
> Bewerber lassen oftmals jegliche Formalität außer Acht.
> Die Dokumente enthalten Viren.
> Riesige Dateianhänge legen das komplette System lahm oder lassen sich gar nicht öffnen.

Um, was den letzten Punkt betrifft, einen ungefähren Richtwert zu nennen: Eine E-Mail-Bewerbung sollte nicht mehr als 2–3 Megabyte groß sein. Ein Unternehmen, das Interesse am Bewerber hat, fordert bei Bedarf schnell weitere Informationen an.

Bei großer Unsicherheit können Sie sich durch ein Telefonat vorab über die bevorzugten Dateiformate und Dateigrößen informieren. Und noch ein Tipp: Versenden Sie Ihre Unterlagen zum Test an sich selbst und drucken Sie sämtliche Dokumente einmal aus. Hierdurch können Sie sofort bestimmte Formatierungsfehler erkennen.

Beachten Sie auch, dass manche kostenlosen E-Mail-Provider am Ende der Nachricht ungefragt Werbung platzieren. Dies können Sie ebenfalls mit einer Test-E-Mail erkennen und dann gegebenenfalls für Ihre Bewerbungsaktivitäten einen anderen Provider verwenden – oder ein solides E-Mail-Programm wie Outlook oder Mozilla Thunderbird.

Eine interessante Alternative zu umfangreichen Dateianhängen ist übrigens der Link auf die eigene Bewerbungshomepage. Hiermit können Sie einerseits detailliert über sich Auskunft geben und andererseits den Daten-GAU beim potenziellen Arbeitgeber verhindern (siehe auch Seite 160).

Was in eine Bewerbungs-Mail gehört und was nicht

Wie schon erwähnt sind prinzipiell verschiedene Varianten der Zusammenstellung bzw. des Versands Ihrer digitalen Bewerbung denkbar. Wichtig ist dabei Folgendes: Sie wollen durch die Art und Weise, wie Sie hier Ihr Mitarbeitsangebot gestalten, überzeugen, dass Sie der/die richtige Problemlöser/-in sind. Zeigen und beweisen Sie dies bereits in dieser Aufgabe, in dieser Herausforderung.

1. So können Sie den gesamten Text, also ein kurzes Anschreiben (ca. 5 Zeilen) sowie Ihr berufliches Profil (ca. 20 Zeilen), in den eigentlichen E-Mail-Text schreiben. Diese Variante eignet sich besonders für Kurzbewerbungen.

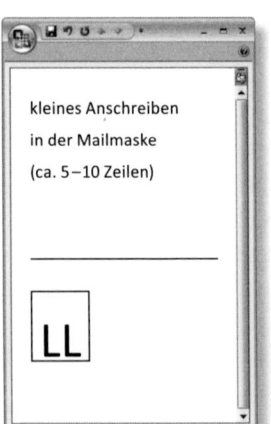

2. Sie formulieren im E-Mail-Text ein kleines Anschreiben (ca. 5–10 Zeilen) und fügen Ihren Lebenslauf (LL), ohne Zeugnisse, als Anhang an.

3. Sie verfassen Ihr Anschreiben in der E-Mail-Maske und fügen als Anhang Ihren Lebenslauf sowie das aktuellste Arbeits- und/oder Ausbildungszeugnis bzw. Hochschulzeugnis (AZ) bei.

4. Sie beginnen ebenfalls mit einem kurzen E-Mail-Text auf ca. 5 Zeilen und schicken dann im Anhang sämtliche notwendigen Dokumente, also Anschreiben (A), Lebenslauf, Zeugnisse, Arbeitsproben mit, dies aber nicht in zu viele Anhangsdateien aufgeteilt, sondern in maximal drei zusammengefasst – idealerweise nur ein zentrales Dokument (vereinfacht das Abspeichern und Öffnen für die Empfänger).

Kommentiertes Beispiel

Hier finden Sie nun konkrete Beispiele für die genannten Varianten, verdeutlicht anhand der Bewerbung einer Reiseverkehrskauffrau.

1. Variante

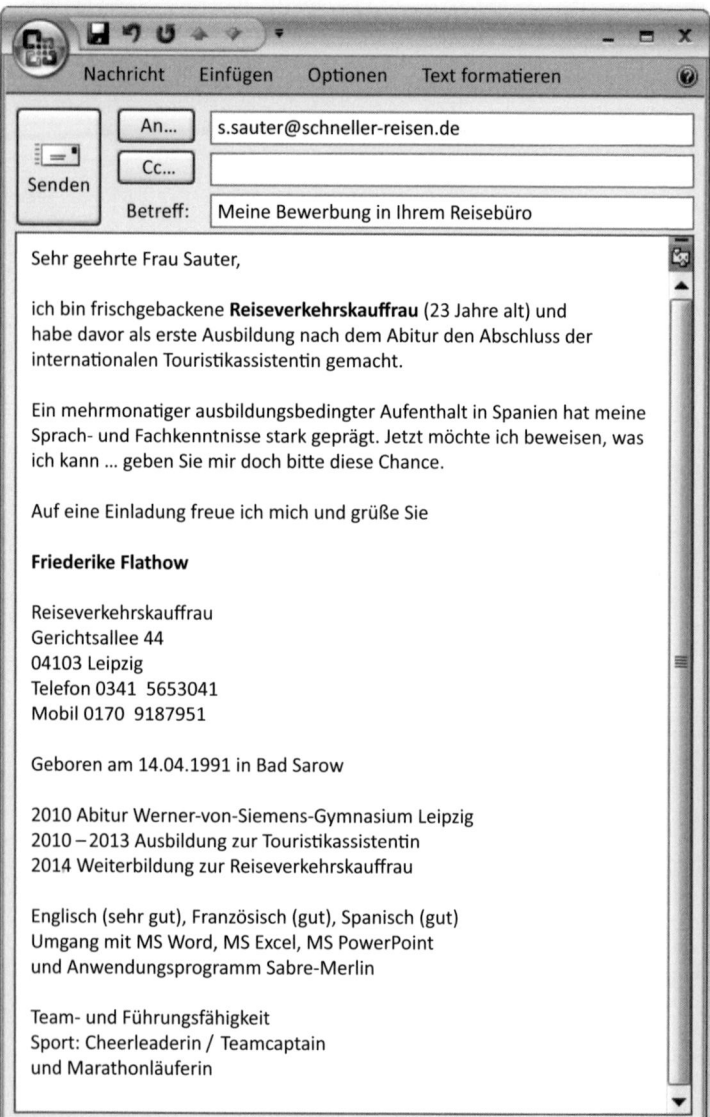

Nachricht   Einfügen   Optionen   Text formatieren

An...   s.sauter@schneller-reisen.de

Cc...

Senden

Betreff: Meine Bewerbung in Ihrem Reisebüro

Sehr geehrte Frau Sauter,

ich bin frischgebackene **Reiseverkehrskauffrau** (23 Jahre alt) und habe davor als erste Ausbildung nach dem Abitur den Abschluss der internationalen Touristikassistentin gemacht.

Ein mehrmonatiger ausbildungsbedingter Aufenthalt in Spanien hat meine Sprach- und Fachkenntnisse stark geprägt. Jetzt möchte ich beweisen, was ich kann ... geben Sie mir doch bitte diese Chance.

Auf eine Einladung freue ich mich und grüße Sie

Friederike Flathow

Reiseverkehrskauffrau
Gerichtsallee 44
04103 Leipzig
Telefon 0341 5653041
Mobil 0170 9187951

Geboren am 14.04.1991 in Bad Sarow

2010 Abitur Werner-von-Siemens-Gymnasium Leipzig
2010 – 2013 Ausbildung zur Touristikassistentin
2014 Weiterbildung zur Reiseverkehrskauffrau

Englisch (sehr gut), Französisch (gut), Spanisch (gut)
Umgang mit MS Word, MS Excel, MS PowerPoint
und Anwendungsprogramm Sabre-Merlin

Team- und Führungsfähigkeit
Sport: Cheerleaderin / Teamcaptain
und Marathonläuferin

2. Variante

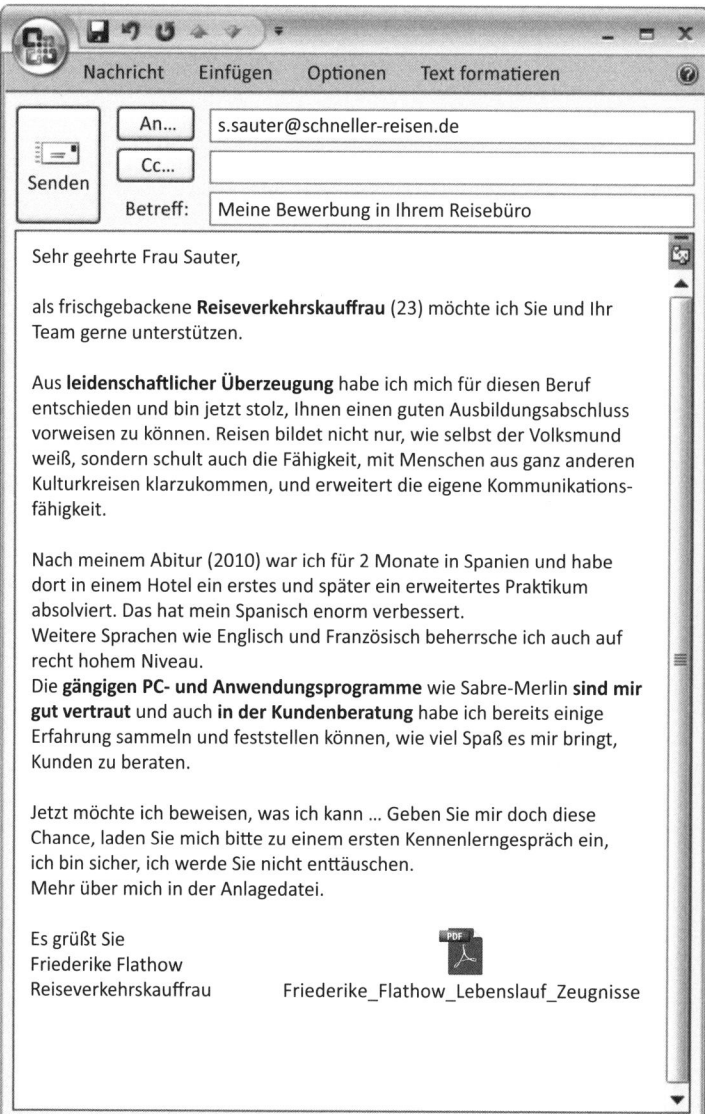

Nachricht Einfügen Optionen Text formatieren

An... s.sauter@schneller-reisen.de

Cc...

Senden

Betreff: Meine Bewerbung in Ihrem Reisebüro

Sehr geehrte Frau Sauter,

als frischgebackene **Reiseverkehrskauffrau** (23) möchte ich Sie und Ihr Team gerne unterstützen.

Aus **leidenschaftlicher Überzeugung** habe ich mich für diesen Beruf entschieden und bin jetzt stolz, Ihnen einen guten Ausbildungsabschluss vorweisen zu können. Reisen bildet nicht nur, wie selbst der Volksmund weiß, sondern schult auch die Fähigkeit, mit Menschen aus ganz anderen Kulturkreisen klarzukommen, und erweitert die eigene Kommunikationsfähigkeit.

Nach meinem Abitur (2010) war ich für 2 Monate in Spanien und habe dort in einem Hotel ein erstes und später ein erweitertes Praktikum absolviert. Das hat mein Spanisch enorm verbessert.
Weitere Sprachen wie Englisch und Französisch beherrsche ich auch auf recht hohem Niveau.
Die **gängigen PC- und Anwendungsprogramme** wie Sabre-Merlin **sind mir gut vertraut** und auch **in der Kundenberatung** habe ich bereits einige Erfahrung sammeln und feststellen können, wie viel Spaß es mir bringt, Kunden zu beraten.

Jetzt möchte ich beweisen, was ich kann ... Geben Sie mir doch diese Chance, laden Sie mich bitte zu einem ersten Kennenlerngespräch ein, ich bin sicher, ich werde Sie nicht enttäuschen.
Mehr über mich in der Anlagedatei.

Es grüßt Sie
Friederike Flathow
Reiseverkehrskauffrau   Friederike_Flathow_Lebenslauf_Zeugnisse

3. Variante

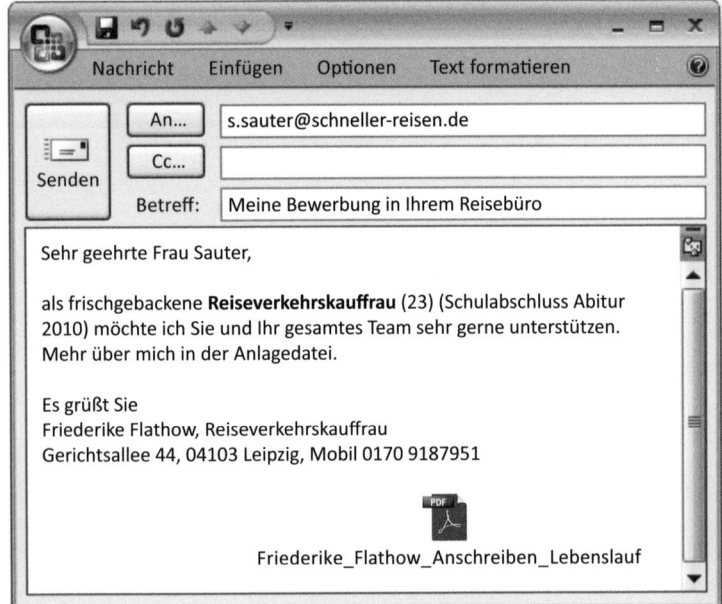

Nachricht   Einfügen   Optionen   Text formatieren

An... s.sauter@schneller-reisen.de

Cc...

Senden

Betreff: Meine Bewerbung in Ihrem Reisebüro

Sehr geehrte Frau Sauter,

als frischgebackene **Reiseverkehrskauffrau** (23) (Schulabschluss Abitur 2010) möchte ich Sie und Ihr gesamtes Team sehr gerne unterstützen. Mehr über mich in der Anlagedatei.

Es grüßt Sie
Friederike Flathow, Reiseverkehrskauffrau
Gerichtsallee 44, 04103 Leipzig, Mobil 0170 9187951

Friederike_Flathow_Anschreiben_Lebenslauf

Friederike Flathow
Reiseverkehrskauffrau
Gerichtsallee 44
04103 Leipzig
Telefon 0341 5653041
Mobil 0170 9187951

Schneller Reisen GmbH   Leipzig, 01.07.2014
Frau Sauter
Promenade 35
01122 Dresden

Meine Bewerbung in Ihrem Reisebüro

Sehr geehrte Frau Sauter,

im Internet bin ich auf Ihre Anzeige gestoßen.

Ich (23) bin frischgebackene **Reiseverkehrskauffrau** und habe davor als erste Ausbildung **nach dem Abitur** den Abschluss der internationalen Touristikassistentin gemacht.

Ein mehrmonatiger ausbildungsbedingter **Aufenthalt in Spanien** hat meine Sprach- und Fachkenntisse stark geprägt.

Jetzt möchte ich beweisen, was ich kann … geben Sie mir doch bitte diese Chance.

Auf eine Einladung freue ich mich
und grüße Sie aus Leipzig

Friederike Flathow

Anlagen

PS: Privat bin ich sportlich sehr aktiv und **Teamcaptain der Cheerleader** der Leipzig Lions (American Football), also alles andere als eine Couch-Potato …

LEBENSLAUF

Friederike Flathow
Reiseverkehrskauffrau

Gerichtsallee 44, 04103 Leipzig
Tel: 0341 5653041
Mobil: 0170 9187951

geboren am 14.04.1991 in Bad Sarow
unverheiratet, keine Kinder, ortsungebunden

Schul- und Berufsausbildung

2010	Abitur am Werner-von-Siemens-Gymnasium Leipzig
2010 – 2013	Ausbildung zur Staatl. geprüft. Intern. Touristikassistentin an der Berufsfachschule für Wirtschaft in Borna
2014	Weiterbildung zur Reiseverkehrskauffrau bei der Akademie für Wirtschaft und Verwaltung in Dresden

Berufserfahrung

2012	Praktikum im 5-Sterne-Hotel Melia Sancti Petri in Spanien
2013	Praktikum im Reisebüro Suntours in Lindenthal/Leipzig

Fähigkeiten

Fremdsprachen in Wort und Schrift: Englisch (sehr gut), Französisch (gut), Spanisch (gut)

Computerprogramme: Sabre-Merlin, MS Office

Führerschein Klasse B

Team- und Führungsfähigkeit

Interessen und Hobbys

Teamcaptain der Cheerleader der Leipzig Lions (American Football)
Marathon

Leipzig, 01.07.2014   *Friederike Flathow*

Zu den Unterlagen von Friederike Flathow

Kommentar zur 1. Variante

Text: Kurz und treffend – direkt in der E-Mail-Maske. In wenigen Zeilen wird hier beim Leser Interesse an der Bewerberin geweckt. Die persönliche Ansprache sorgt ebenfalls dafür, dass dieses Angebot wahrgenommen wird.

Absenderadresse: ... kommt, wie bei E-Mails üblich, ans Textende. In diesem Beispiel geht es aber noch mit einem Mini-Lebenslauf weiter. Eine sehr gute Idee! Er rundet das positive Bild einer interessanten Bewerberin ab.

Umfang: Mehr muss nicht sein bei der ersten Kontaktaufnahme. Keine weiteren Anlagen, die eingescannt und mitgeschickt werden müssen. Wichtig wäre jedoch vielleicht noch der Hinweis, dass man gerne mehr Unterlagen auf Wunsch vorlegt. Vorab oder in der ersten persönlichen Begegnung.

Kommentar zur 2. Variante

Text: Sehr gut! Selbst mit einigen wenigen Zeilen kann es gelingen, eine erste wichtige Botschaft zu vermitteln.

Anhang: Dafür ist jetzt aber eine Anlage notwendig. In dem beigefügten Anhang befindet sich in einer Datei der Lebenslauf (siehe Seite 112) und eventuell das letzte Arbeits- oder Ausbildungszeugnis.

Kommentar zur 3. Variante

Text: Ganz kurzer Text – eine sogenannte Anmoderation.

Anhang: Als Anlage befinden sich im Anhang, zusammen oder getrennt, ein klassisches Anschreiben (siehe Seite 111) und der entsprechende Lebenslauf (siehe Seite 112).

Was Sie bei Ihrer E-Mail formal beachten müssen

Auf die Adresse achten Ihre E-Mail-Adresse sollte auf jeden Fall seriös sein, also auf keinen Fall Mausi100@hotmail.com o.Ä. Empfehlenswert ist eine Kennzeichnung mit richtigem Vor- und Zunamen sowie der Versand von einem neutralen Account aus, wie z.B. web.de, gmx.de oder googlemail.com. Ein mögliches Beispiel: elisabeth.brinckmann@web.de. Sollte Ihr Name schon vergeben sein, suchen Sie bei anderen Providern oder ergänzen Sie eine Zahl, also z.B.: elisabeth.brinckmann200@web.de. Außerdem sollten Sie auf die E-Mail-Adresse des Empfängers achten. Ein Versand Ihrer Unterlagen an eine anonyme Sammeladresse wie info@FirmaXY.de ist nicht ratsam, da hier das Risiko besteht, dass Ihre Nachricht entweder verzögert oder überhaupt nicht zum richtigen Ansprechpartner weitergeleitet wird. Versuchen Sie deshalb den zuständigen Firmenvertreter, inklusive dazugehöriger E-Mail-Adresse, zu recherchieren und greifen Sie hierfür notfalls auch zum Telefon.

Die Betreffzeile Wählen Sie eine aussagekräftige, individuelle Betreffzeile für Ihre Bewerbung aus. Z.B. „Meine Bewerbung als Krankenschwester" oder „Ein Vertriebsprofi stellt sich vor". So kann Ihre Nachricht besser zugeordnet werden und Sie riskieren nicht, dass man die E-Mail für eine Massensendung oder vielleicht sogar für eine Werbebotschaft (Spam) hält.

Schrift, Farbe, Hintergrund Wenn Sie sicher sind, dass der Empfänger Ihrer E-Mail das HTML-Format lesen kann, so haben Sie mit dieser Formatierung die Möglichkeit, besondere grafische Details einzufügen. Beispielsweise können Sie dann individuelle Akzente bei der Schriftwahl, der farblichen Gestaltung sowie dem Hintergrunddesign setzen. Oder Sie ändern lediglich die Schriftfarbe: von Schwarz zu Blau oder eventuell Grün (Vorsicht, typische Cheffarbe!). Rot hingegen ist absolut unmöglich. Überlegen Sie sich jedoch genau vorab, welche gestalterischen Elemente für den Empfänger wirklich Sinn machen. Bunte Landschaftsbilder, ein Text mit vielen Hervorhebungen, Unterstreichungen und vielleicht sogar blinkenden Wörtern werden bei einem konservativen Empfänger kaum Begeisterung auslösen. Versuchen Sie eine Auswahl zu treffen, die authentisch zu Ihnen selbst passt, jedoch gleichzeitig mit den Erwartungen des potenziellen neuen Arbeitgebers harmoniert.

Kontaktdaten/Signatur Für die inhaltliche Gestaltung der eigentlichen Nachricht haben wir ja schon die verschiedenen Varianten aufgezählt. Ihre Kontaktdaten platzieren Sie bei einer E-Mail am besten am Ende des Nachrichtentextes. Nur wenn sichergestellt ist, dass Ihre HTML-E-Mail auch korrekt empfangen bzw. dekodiert werden kann, lohnt sich die Arbeit, am Ende des Textes Ihre eingescannte Unterschrift einzufügen. Während die eigene Signatur an dieser Stelle also eine interessante Option darstellt, so ist sie im angefügten Anschreiben sowie im Lebenslauf beinahe ein klares Muss. Das sieht sehr schön aus, ist persönlicher und kann auch in blauer Schrift formatiert werden – Stichwort: Königsblau.

Das Anschreiben Verlangt das Stellenangebot nicht ausdrücklich die vollständigen Unterlagen, sind E-Mail-Bewerbungen in aller Regel eher Kurzbewerbungen. Überhäufen Sie den Adressaten also nicht mit einer unübersichtlichen Fülle von Dokumenten und Anhängen. Ein ansprechendes Anschreiben und ein gut getexteter Lebenslauf – beide so kurz wie möglich – reichen als Erstkontakt aus. Das (erste) Anschreiben wird in der E-Mail selbst formuliert, nicht im Dateianhang. Es gibt aber durchaus Firmen, die sich auf telefonische Nachfrage Ihr sorgfältiges Anschreiben gesondert im Anhang wünschen. In diesem Fall reichen ein paar kurze freundliche Zeilen, die auf die Bewerbung und das vorherige Telefonat Bezug nehmen. Aber auch hier empfehlen wir, schon in der E-Mail-Nachricht die persönlichen Daten wie Anschrift, Kontaktdaten, eventuell Adresse der Homepage und drei Kernkompetenzen zu dem Stellenprofil zu benennen.

Serienmails sind als Bewerbung völlig ungeeignet. Formulieren Sie stets individuell für eine bestimmte Firma. Beziehen Sie sich dabei möglichst auf das entsprechende Stellenangebot und bei einer Initiativbewerbung auf den Anlass („arbeitslos" bzw. „Arbeit suchend" bitte vermeiden) und Ihr besonderes Angebot.

Sprechen Sie den Verantwortlichen stets namentlich direkt an. Kennen Sie Ihren Ansprechpartner nicht, bleibt nur der Griff zum Telefon. Und: Auch in einer E-Mail-Bewerbung gelten selbstverständlich die üblichen Höflichkeitsformen und die deutsche Rechtschreibung.

Konzentrieren Sie sich also auf das wirklich Wesentliche und bieten Sie an, die entsprechenden Unterlagen in Form einer schriftlichen Bewerbung oder bei einer persönlichen Begegnung einzureichen.

Von der Reihenfolge her kommt das Anschreiben sofort am Anfang, also noch vor dem Lebenslauf. Verwenden Sie, wie schon erwähnt, idealerweise nur *ein* zentrales Dokument und platzieren Sie hierbei das Anschreiben ganz vorn.

Der Lebenslauf Nach dem Anschreiben folgt Ihr Lebenslauf, den Sie in Form und Inhalt wie bei einer traditionellen klassischen Bewerbung erstellen und dann Ihrer E-Mail-Bewerbung anfügen. Übrigens: Mehr als zwei Drittel aller Personaler handhaben E-Mail-Bewerbungen wie eine schriftliche Bewerbung. Ihr Adressat druckt die E-Mail-Bewerbung aus und legt sie auf den Stapel der bereits eingegangenen Bewerbungsmappen. Deshalb ist ein gut formatierter Lebenslauf besonders wichtig. Alternativ können Sie Ihn auch als absolute Kurzversion direkt in die E-Mail schreiben. Dies erspart dem Leser bei der ersten Durchsicht einen zweiten Klick auf eine angehängte Datei und damit Zeit. Sie sollten aber den ansprechend gestalteten Lebenslauf parat haben, falls er zu einem späteren Zeitpunkt angefordert wird.

Das Foto Scannen Sie Ihr Bewerbungsfoto ein bzw. lassen Sie sich hierbei von professioneller Seite helfen – sofern Sie es vom Fotografen nicht ohnehin in digitaler Form erhalten haben. Speichern

Sie das eingescannte Bild in einem universell verbreiteten Bildformat ab und fügen Sie es in Ihren Lebenslauf ein. Beachten Sie hierbei, dass das Bild nicht zu viel Speicherplatz einnimmt und die Datenmenge Ihrer Bewerbung nicht zu groß wird. Konkret empfehlen wir Ihnen das JPG-Format, das über unterschiedlichste Computersysteme hinweg akzeptiert wird. Alternativ, weil ebenfalls sehr gebräuchlich, können Sie auch das GIF-Format verwenden.

Sollten Sie diese Aufgaben nicht allein bearbeiten können und auch im Freundeskreis keinen Computerexperten kennen, so finden Sie häufig in größeren Copyshops professionelle PC-Arbeitsplätze inklusive kompetentem Fachpersonal, das Ihnen dann die notwendige Unterstützung geben kann.

Die Zeugnisse Nach dem Anschreiben und dem Lebenslauf folgen Ihre Zeugnisse. Wählen Sie nicht zu viele, jedoch die für Sie wichtigsten Zeugnisse aus, scannen Sie diese ein und fügen Sie sie dem zentralen Dokument am Ende an. Werden mehr als drei bis vier Zeugnisse angefügt, so empfiehlt sich ein Anlagenverzeichnis, das nach dem Lebenslauf einen Überblick zur Reihenfolge der nun aufgeführten Dokumente gibt.

Die Anlage Versenden Sie nur eine Anlage, wobei die Datenmenge nicht zu groß sein sollte und das Dokument mit einem aussagefähigen Namen, z. B. „Bewerbung_anne_schulz_25102011", versehen ist. Achten Sie dann innerhalb des angefügten Dokuments auch auf die schon angesprochene richtige Reihenfolge der Elemente.

Die Wahl der Dateiformate Wie bereits erwähnt existieren bei einer E-Mail im HTML-Code deutlich mehr Gestaltungsmöglichkeiten, um sich selbst möglichst individuell zu präsentieren. Neben gewissen ästhetischen Grenzen gilt es jedoch hier, auch die technischen Limitierungen im Auge zu behalten. Kann der Empfänger HTML-Nachrichten nicht korrekt entschlüsseln, so war Ihre ganze Arbeit umsonst. Im Zweifelsfall sollten Sie deshalb Ihre E-Mail-Nachricht nicht im HTML-Code, sondern im „Nur-Text"-Format versenden. Dann gehen Sie garantiert kein Risiko ein.

Falls Sie Ihrer E-Mail Dateianhänge (Lebenslauf, Zeugnisse, Arbeitsproben etc.) anfügen möchten, so achten Sie hier auf das verwendete Dateiformat. Mit Word erzeugte DOC-Dateien sind zwar den meisten PC-Benutzern vertraut, haben aber zwei Nachteile. Zum einen bleiben Layout und Formatierung bei der Datenübertragung häufig nicht erhalten, zum anderen sind diese Dateien sehr anfällig für sogenannte Makroviren. Garantiert virenfrei sind RTF-Dateien, die auch Formatierungen beibehalten. Wählen Sie dazu in Ihrer Textverarbeitung, z. B. in Word, unter „Speichern unter" die Option „Richt-Text-Format (*.rtf)" aus. Mit am besten sind jedoch PDF-Dokumente. Inzwischen sind im Internet kostenfreie Programme zur Erzeugung von PDF-Dokumenten verfügbar.

Wollen Sie auf Nummer sicher gehen, so fragen Sie telefonisch beim Unternehmen nach, was und wie viel an Dokumenten gewünscht wird.

Die Nachfass-E-Mail

Sie haben alle Ratschläge beachtet, Ihre E-Mail abgeschickt und keine Antwort erhalten? Manchmal gehen Nachrichten verloren oder der Empfänger hat Ihre Bewerbung übersehen. In jedem Fall können Sie nach ca. 7–10 Tagen Wartezeit eine Nachfass-E-Mail versenden. Formulieren Sie noch einmal in ca. drei Zeilen Ihr Interesse an der Position und erkundigen Sie sich, ob alles gut angekommen ist, ob vielleicht noch bestimmte Unterlagen fehlen und wann mit einer Entscheidung zu rechnen ist.

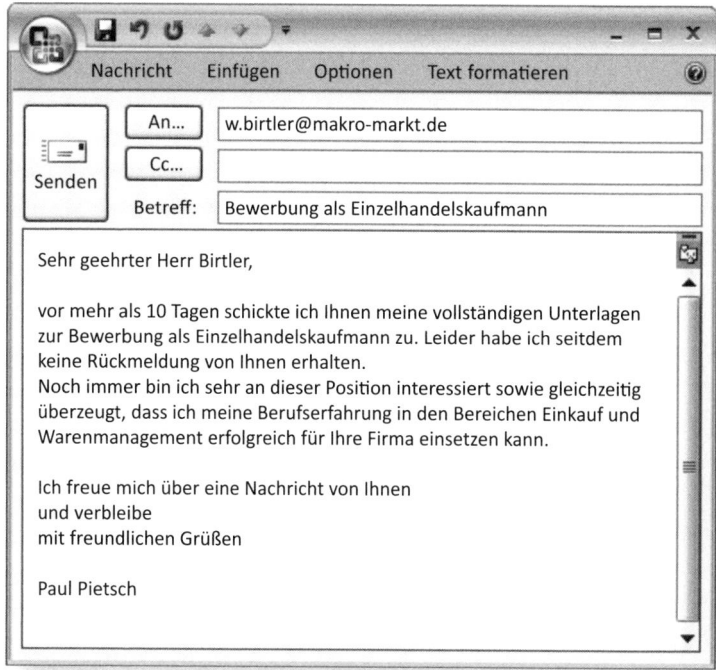

Sehr geehrter Herr Birtler,

vor mehr als 10 Tagen schickte ich Ihnen meine vollständigen Unterlagen zur Bewerbung als Einzelhandelskaufmann zu. Leider habe ich seitdem keine Rückmeldung von Ihnen erhalten.
Noch immer bin ich sehr an dieser Position interessiert sowie gleichzeitig überzeugt, dass ich meine Berufserfahrung in den Bereichen Einkauf und Warenmanagement erfolgreich für Ihre Firma einsetzen kann.

Ich freue mich über eine Nachricht von Ihnen
und verbleibe
mit freundlichen Grüßen

Paul Pietsch

Unser Kommentar Sehr freundlich getextet. Was dem Kandidaten noch besser gelingen hätte können: Der Hinweis „vor mehr als 10 Tagen" klingt etwas vorwurfsvoll. Eine Formulierung wie „vor einigen Tagen" wäre eindeutig besser gewählt.

Ihre Online-
Bewerbung

Online-Bewerbungsformulare

Ein weiterer digitaler Bewerbungsweg führt direkt auf die Homepage der Arbeitgeber. Insbesondere größere Firmen vertrauen zunehmend den Vorteilen einer digitalen, automatischen Kandidatenauswahl und bieten interessierten Bewerbern die Möglichkeit, ihr berufliches Profil direkt auf der Firmenhomepage einzugeben.

Kurzer Überblick zur Online-Bewerbung bei Firmen

Lassen Sie uns diese Onlineformulare an einem einfachen Beispiel näher anschauen: Bei einer Bewerbung als Bürokaufmann erfragen die ersten Formularseiten zunächst einmal die Kontaktdaten des Bewerbers. Danach folgen neue Fenster und Menüs, in denen Angaben zum Schulabschluss, zur Aus- sowie den Weiterbildungen gemacht werden müssen. Im sich anschließenden Formular wird nach den bisherigen Beschäftigungsverhältnissen und den konkreten Arbeitsaufgaben, z. B. Korrespondenz oder Rechnungsbearbeitung, gefragt. Hiernach folgen Angaben zu sonstigen Kenntnissen, beispielsweise Erfahrungen mit speziellen Buchhaltungsprogrammen, dem Führerscheinbesitz sowie den Freizeitinteressen. Schlussendlich hat der Bewerber dann noch die Chance, in freien Textfeldern, also mit eigenen Worten, beispielsweise zu seinen Stärken sowie beruflichen Zielen individuell Stellung zu nehmen – eine Abfrage, die inhaltlich vergleichbar mit der „Dritten Seite" ist.

Der Registrierungsprozess gestaltet sich oftmals kompliziert und nimmt unerwartet viel Zeit in Anspruch. Bei manchen Firmen muss der Bewerber auch erst einmal warten, bis das notwendige Zugangspasswort per E-Mail zugeschickt wird. Abseits davon ist in den meisten Fällen das Akzeptieren einer Datenschutzerklärung eine notwendige Voraussetzung, um überhaupt auf die eigentlichen Bewerbungsformulare zu gelangen. Diese können übrigens direkt von der jeweiligen Firma installiert sein oder über einen Link zu einer Stellenbörse führen, die dann die Bewerberauswahl für die

Firma übernimmt. Viele Unternehmen, die ihre Stellenausschreibungen auf ihrer Firmen-Homepage veröffentlichen, stellen diese auch in Job-Portale wie z. B. www.monster.de ein und lassen über diese Anbieter die Vorauswahl der Kandidaten laufen.

Online – Pflicht oder Kür?

Besonders die großen Konzerne drängen geradezu auf die Nutzung der aufwendig installierten Bewerberformulare oder bieten überhaupt keine andere Bewerbungsmöglichkeit mehr an. Als Gründe werden Zeit-, Kosten- und Platzersparnis genannt, um durch automatisierte Prozesse der Bewerberflut einigermaßen gerecht zu werden.

Natürlich ist es empfehlenswert, sich an diesen Richtlinien zu orientieren. Gleichzeitig haben standardisierte Auswahlverfahren stets den Nachteil, dass die Individualität des Bewerbers eher unter den Tisch fällt. Versuchen Sie deshalb im angefügten Anschreiben und Lebenslauf sowie den freien Textfeldern Ihr Profil möglichst eigenständig zu präsentieren. Außerdem empfehlen wir Ihnen, weitere Kontakte zur Firma zu suchen, also möglichst auch Ansprechpartner für eine direkte Bewerbung zu finden. Hierzu sollten Sie nicht nur Business Communities wie XING oder LinkedIn nutzen, sondern sich auch im realen Leben, auf Firmen- und Branchenmessen, persönlich vorstellen. Eine weitere Chance ist nach wie vor der direkte Kontakt per Telefon. Grundlage ist auch hier ein klares Kommunikationsziel, z. B. die verbal überzeugende Vorstellung als neuer Vertriebsmitarbeiter, der sich ausführlich mit der Firmenhomepage, dem Unternehmen und dem Branchenumfeld beschäftigt hat und im Rahmen seiner Bewerbung beispielsweise eine neue Idee für ein Großkundenprojekt präsentieren möchte.

Die standardisierte, automatisierte Bewerbung

Bei Onlineformularen – wir sagten es bereits – muss der Kandidat verschiedene technische und inhaltliche Hürden erfolgreich meistern. Lassen Sie sich auf keinen Fall von der Fülle der Eingabeformulare abschrecken! Auch wenn die verlangten Informationen nahezu endlos erscheinen, so müssen Sie diese Fleißaufgabe absolvieren. Natürlich macht auch hierbei Übung den Meister und Sie werden sehen, dass Onlineformulare für Sie bald kein großes Hindernis mehr darstellen.

Manche Unternehmen bieten ihren Bewerbern an, das Formular Stück für Stück zu bearbeiten, indem sie eine Zwischenspeicherfunktion eingebaut haben, bei anderen Firmen muss der Bewerber das Formular in einem Zug bis zum Ende ausfüllen, weil bereits eingegebene Daten nach einer Unterbrechung ungültig werden. Andere, vorzugsweise die großen Unternehmen, haben bisweilen einen eigenen Bewerbungsassistenten, der beispielsweise die Vorschau auf das Formular ermöglicht und Schritt für Schritt die Bearbeitung erklärt.

Leider spielen die Firmen bei der Kandidatenauswahl nicht mit offenen Karten, weshalb die Filter- bzw. Rasterkriterien zur automatischen Bewerbereinstufung stets Firmengeheimnis bleiben. Hier kann man lediglich spekulieren, z. B. wenn besonders häufig Fragen zum Thema Teamfähigkeit oder zu bestimmten fachlichen Kenntnissen gestellt werden.

Wichtig für Sie: Nicht irritieren lassen, sondern versuchen, möglichst technisch kompetent die Eingabefelder auszufüllen und gleichzeitig prägnante, aussagefähige Informationen zum eigenen Profil einzugeben.

Übrigens: Bei Bewerbungsformularen von größeren Konzernen werden die Bewerbungen oftmals in einem Kandidaten-Pool gespeichert, auf den auch andere, mit dem Konzern verbundene Firmen Zugriff haben. Dies steigert dann Ihre generellen Chancen, ein

Angebot zu erhalten, selbst wenn es mit dem eigentlichen Traumjob bei der Wunschfirma auf Anhieb nicht klappt.

Worum es geht – und warum

Abseits der anfänglichen Anmeldeformulare sind natürlich die berufsbezogenen Fragen von besonderem Interesse. Diese wurden für konkrete Stellenprofile entwickelt und berücksichtigen personalstrategische Gesichtspunkte, wie z. B. einen speziellen Ausbildungshintergrund, bestimmte Fachkompetenzen oder relevante Praxiserfahrungen. Beachten Sie bei der Dateneingabe, dass hierbei vielleicht auch branchenspezifische Formulierungen oder Redewendungen erwartet werden. So kann die Verwendung von bestimmten Schlüsselbegriffen oder Fachwörtern wichtige Zusatzpunkte einbringen.

Bei der Auswertung der Onlineformulare sind automatische und teilautomatische Prozesse zu unterscheiden. Bei beiden wird aufgrund von Datenabgleichen bzw. Übereinstimmungen (z. B. Alter, Bildungsabschlüsse, Verweildauer an Arbeitsplätzen) entschieden, ob man für das Unternehmen als Mitarbeiter interessant ist oder eben auch nicht. Je schneller Sie eine Absage bekommen, desto wahrscheinlicher handelt es sich hierbei um ein automatisches, also ein computergestütztes Auswahlverfahren.

Nun, dieser Aspekt ist im Prinzip eher nebensächlich. Ebenso wie das Phänomen, dass bei einigen Firmen trotz umfangreicher Bewerberformulare vielleicht gar keine offenen Stellen vorhanden sind. Lassen Sie sich auch hiervon nicht verunsichern, sondern suchen Sie wie bei einer Initiativbewerbung Ihre Chance und präsentieren Sie sich möglichst optimal. Beachten Sie dabei die bereits bekannten Erfolgsfaktoren: Kompetenz, Leistungsmotivation und Persönlichkeit. Zeigt sich Ihre Kompetenz in einer bestimmten Ausbildung, dann sollte dieser Punkt entsprechend gewürdigt werden. Wird Ihre Leistungsmotivation vor allem an Ihren Erfolgen sichtbar, dann gilt es auch diesen Aspekt ins rechte Licht zu rücken.

Und schätzt man Ihre Teamfähigkeit nicht nur im Job, sondern auch im Fußballverein, dann gehört dies ebenso authentisch und prägnant formuliert zu Ihrem Profil. Gerade bei den freien Textfeldern haben Sie die Chance, Ihre Persönlichkeit etwas individueller, beispielsweise durch interessante Überschriften oder pointierte Zusammenfassungen zu präsentieren und somit das wichtige Auswahlkriterium, Ihre Wesensart, Ihre Soft Skills erfolgreich anzugeben.

Vergessen Sie auf keinen Fall vor dem endgültigen Versand Ihrer Texte eine Rechtschreibprüfung durchzuführen. Kopieren Sie Ihre Formulierungen einfach in ein entsprechendes Textprogramm und starten Sie die automatische Rechtschreibprüfung. Des Weiteren sollten Sie beim Hochladen von Anhängen stets die vorgegebenen technischen Parameter beachten. Hierzu gehören: Anzahl der Dokumente, Größe der Dateien sowie vorgeschriebene Formate. Speichern Sie auch alle wichtigen Texte sowie die verschickten Dokumente für sich selbst ab. Dies gibt Ihnen die Möglichkeit, die gemachten Angaben vor einem Vorstellungsgespräch nochmals durchzugehen und sich einzuprägen.

Einfache und komplizierte Onlineformulare

Sie kennen das Phänomen aus der Computerwelt: Es gibt sehr einfach verständliche Computerprogramme und leider auch unglaublich komplizierte Anwendungen. Dies gilt in gleicher Weise für Onlineformulare auf Firmenhomepages. Lesen Sie sich deshalb alle vorhandenen Hilfetexte und Erläuterungen genau durch. Gute Onlineformulare erklären bestimmte Fachbegriffe und geben Beispiele, was unter bestimmten Abstufungen, z. B. guten Fremdsprachenkenntnissen, zu verstehen ist. Manchmal bekommt man einen virtuellen Bewerbungsassistenten als Unterstützung zur Seite gestellt. In vielen Fällen besteht die Möglichkeit, eine Bewerber-Hotline anzurufen, um dort Fragen zu klären.

Hilfreich ist es, wenn man am Ende nochmals Gelegenheit hat, sämtliche Eingaben im Überblick (gegen-)lesen zu können. Eine weitere sinnvolle Option ist die Möglichkeit, zu einem späteren Zeitpunkt bestimmte Aspekte im Lebenslauf verändern bzw. aktualisieren zu können. Gerade wenn man beabsichtigt, ein Profil für längere Zeit bei einer Firma zu hinterlegen, so können zusätzliche Lehrgänge oder Projekterfahrungen dann einfach und unkompliziert ergänzt werden.

Tipps, Tricks und Fallen

Als ersten Tipp möchten wir Ihnen eine Art Probedurchlauf vorschlagen. Wenn Sie wirklich auf Nummer sicher gehen wollen, so spricht nichts dagegen, mit fiktiven Angaben das Onlineformular zunächst einmal einzusehen, um dann beim erneuten Versuch mit korrekt ausgefüllten Feldern Ihre Bewerbung auf den Weg zu bringen.

Häufig werden in Bewerbungsformularen Fragen wie „Warum bewerben Sie sich bei uns?" gestellt. Hier sind Kreativität und Formulierungsgeschick gefragt. Lassen Sie sich unbedingt etwas Besseres einfallen als „Weil ich arbeitslos bin" oder „Weil es so ein toller Job ist, der viel Geld bringt". Recherchieren Sie, welche Philosophie, welche Zukunftsvisionen die Firma hat, und passen Sie Ihre Antwort entsprechend an – ohne sich jedoch allzu sehr anzubiedern.

Am besten bereiten Sie sich auf solche Standardfragen vor, indem Sie zunächst entsprechende Texte oder Formulierungen auf Ihrem Computer abspeichern. Anschließend können Sie diese dann in die Felder der Onlineformulare kopieren.

Möglichkeiten für zusätzliche, individuelle Mailings

Nachdem Sie das Onlineformular abgeschickt haben, erhalten Sie in der Regel eine Bestätigung Ihrer Bewerbung. Manche Unternehmen versenden innerhalb von 24 Stunden eine automatische E-Mail mit dem Hinweis auf den Eingang Ihrer Internetbewerbung. Bei anderen müssen Sie sich etwas länger gedulden. Eine individuelle inhaltliche Reaktion des Unternehmens dauert länger. Wenn Sie nach drei bis fünf Tagen noch nichts gehört haben, dürfen Sie auf jeden Fall per E-Mail oder telefonisch nachfragen – und haben auch hier die Chance, kurz nochmals Ihre Qualitäten anzusprechen.

Tipp

Leider kann das automatisierte Auswahlverfahren auch trotz bester Vorbereitung und Durchführung sehr ungerecht sein. Manche Firmen verwenden als Auswahlkriterium die Durchschnittsstudiendauer oder ein bestimmtes Alter des Bewerbers. Haben Sie beispielsweise BWL oder Maschinenbau studiert und wegen verschiedener Praktika und Auslandsaufenthalte 14 anstatt nur 9 Semester benötigt, oder sind Sie nach Studienabschluss bereits 29 Jahre alt, dann sortiert das standardisierte Computerauswahlprogramm Sie möglicherweise sofort aus. Postwendend werden Sie per E-Mail informiert, dass man Ihnen leider kein passendes Angebot machen kann. Wenn Sie in dieser Hinsicht eine ungerechte Behandlung vermuten und Sie trotzdem an dem ausgeschriebenen Job interessiert sind, so hilft nur eins: Versuchen Sie sich auf herkömmlichen Bewerbungswegen vorzustellen.

Kommentiertes Beispiel

Im Folgenden sehen Sie ein Beispiel für ein Onlineformular, bei dem wir Ihnen Vorschläge zum Ausfüllen der einzelnen Felder geben.

Persönliche Daten

Anrede	[▼]	Titel	[▼]
Familienname	[ ]	Vorname	[ ]
Zweiter Vorname	[ ]	Weitere Vornamen	[ ]
Geburtsname	[ ]	Geburtsdatum	[1 ▼] [1 ▼] [1980 ▼]
Geburtsort	[ ]	Geburtsland	[▼]

Staatsangehörigkeit
[▼]

Weitere Staatsbürgerschaften
[▼]

Staatsangehörigkeit der Eltern [▼]

Haben bereits Ihre Eltern in unserer Firma gearbeitet? [Nein ▼]

Familienstand	[ledig ▼]	Haben Sie Kinder?	[Nein ▼]

Wie alt sind Ihre Kinder? [ ]

Hauptwohnsitz Anschrift		Nebenwohnsitz Anschrift	
Straße	[ ]	Straße	[ ]
Ort (mit PLZ)	[ ]	Ort (mit PLZ)	[ ]

Telefon mit Vorwahl (tagsüber) [ ]
Telefon mit Vorwahl (am Abend) [ ]

Fax	[ ]	Handy	[ ]
E-Mail	[ ]	Eigene Homepage-Adresse	[ ]

Warum bewerben Sie sich?

Die Gretchenfrage, auf die Sie sich gründlich vorbereiten und wohlüberlegt antworten sollten!

Wie sind Sie auf diese Stelle aufmerksam geworden?

Durch die Anzeige im Internet, in den Printmedien, durch Kollegenhinweise, Gespräche o. Ä. Noch besser: „Ich beobachte schon geraume Zeit die Entwicklung Ihres Unternehmens etc., benutze Ihre Produkte etc. ..." Das kommt noch besser an!

Woher kennen Sie unsere Firma?

Auch hier gilt es, keine Antwort schuldig zu bleiben und den Platz für eine gelungene Selbstdarstellung zu nutzen.

Haben Sie bereits an einem Recruiting-Event unserer Firma teilgenommen? [Ja ▼]

Für welchen Aufgabenbereich bewerben Sie sich? [▼]
Welche Position/Verantwortung streben Sie momentan an? [▼]
Welche Position/Verantwortung streben Sie in fünf Jahren an? [▼]

Ihr gewünschter Einsatzort	1. Präferenz ▼
	2. Präferenz ▼
Ihr frühester Eintrittstermin	1. Präferenz ▼
	2. Präferenz ▼
Bereitschaft zur Durchführung von Schichtarbeit	Ja ▼
Bereitschaft zur Leistung von Überstunden	Ja ▼
Bereitschaft zur Durchführung von Dienstreisen im Inland	Ja ▼
Bereitschaft zur Durchführung von Dienstreisen im Ausland	Ja ▼

Bitte beschreiben Sie häufige Tätigkeiten an einem normalen Arbeitstag.

> *Bloß keine Alltäglichkeiten wie „... frühmorgens komme ich und schließe die Bürotür auf" ... „und gehe als Letzter oftmals erst nach 19 Uhr". Besser: „Krisenmanagement", „Rückgewinnung von sich beklagenden Kunden", „erfolgreiche Preisverhandlungen" etc. Sie haben doch Fantasie!*

Welche dieser Tätigkeiten können Sie besonders gut?

> *Jetzt müssten Sie eigentlich wissen, wie Sie diesen Platz zu Ihrem Vorteil nutzen. Aber bitte nicht schreiben: „Ich bin ein großartiger Geschichtenerfinder!"*

Welche dieser Tätigkeiten müssen Sie noch optimieren?

> *Hier muss auch etwas stehen, aber bitte Zurückhaltung bewahren (also gerade hier keine vier Zeilen oder mehr).*

Ausbildung als [............] Start [1 ▼] [1 ▼] [1980 ▼]
Ende [1 ▼] [1 ▼] [1980 ▼]

Hauptfächer während der Ausbildung

Besondere Kurse während der Ausbildung

Besondere praktische Erfahrungen während der Ausbildung

> *Bedenken Sie, dass es eher gegen Sie spricht, wenn Sie hier nichts angeben. Positiv wirkt es, wenn Sie sich bemühen, etwas von sich zu vermitteln.*

Abschlussnote [............]

Weitere Ausbildungen (Start/Ende mit genauem Datum)

Ausbildungsabschluss (genaues Datum)

Weitere Ausbildungsabschlüsse (genaue Daten)

Gibt es vielleicht Zusatzqualifikationen, die Sie hier sinnvoll anführen können?

Studium Start `1 ▼` `1 ▼` `1980 ▼`
Ende `1 ▼` `1 ▼` `1980 ▼`

Hauptfächer während des Studiums

Besondere Kurse während des Studiums

Außeruniversitäres Engagement

*Diese Chance dürfen Sie nicht ungenutzt lassen. Der Sportverein, das Team,
soziale Projekte in Ihrer Nachbarschaft ... Natürlich haben Sie da etwas zu bieten.*

Auslandssemester (Start/Ende, Dauer, Ort, besuchte Kurse)

*Wenn Sie kein Auslandssemester vorzuweisen haben:
Auch schon hier können Sie einen längeren Auslandsaufenthalt, der nicht an einer Uni,
sondern z. B. an einer Sprachschule stattfand, aufführen.*

Datum und Thema der Abschlussarbeit
`1 ▼` `1 ▼` `1980 ▼`

Abschlussnote `............` Semesteranzahl `............`

Berufliche Fort- und Weiterbildungen

*Bitte nie „keine" schreiben! Also unbedingt wenigstens „Ja, häufig!",
„Tagtäglich" einsetzen, ggf. auf das Fachzeitschrift-Abo, die Mitgliedschaft im Berufsverband, das
Treffen am Stammtisch etc. hinweisen.*

Sonstige Zusatzqualifikationen

*Bitte nicht „nichts" schreiben, wenigstens der Führerschein, Ihre „Kenntnisse in ..."
sind hier aufführbar. Nutzen Sie diese Gelegenheit!*

Auslandsaufenthalte

*Auch hier sollten Sie etwas ausfüllen. Natürlich waren Sie schon in den USA, in Spanien o. Ä.
Ja, aber nur im Urlaub, wenden Sie ein. Das schreiben Sie aber jetzt nicht ... Auf Nachfrage
bleibt es ja Ihnen überlassen, wie sehr Sie Ihren Zehntageaufenthalt in Spanien ausschmücken.*

Schulabschluss Start `1 ▼` `1 ▼` `1980 ▼`
Ende `1 ▼` `1 ▼` `1980 ▼`

Weiterführende Bildungsabschlüsse

*... können ggf. auch selbst initiierte Sprachkurse
oder sonstige beruflich nützliche Fortbildungen sein.*

Berufliche Tätigkeit aktuell [........................] Start [1 ▼] [1 ▼] [1980 ▼]

Aufgabenschwerpunkt

> *Genau überlegen!*

Ergebnisse

> *Ihre Gelegenheit zu verdeutlichen, was Ihre Kompetenz und Leistungsmotivation auszeichnet.*
> *Das bedeutet aber auch: Sie haben sich Gedanken gemacht, was Ihre Botschaften sind.*

Warum wollen Sie Ihre Tätigkeit wechseln/Ihr Unternehmen verlassen?

> *Sie suchen den Reiz einer neuen beruflichen Herausforderung, wollen andere Arbeitsabläufe/*
> *Organisationen/Vorgehensweisen kennenlernen, Ihren Horizont erweitern.*

Arbeitszeugnis vorhanden [Ja ▼]

Davor berufliche Tätigkeit [........................] Start [1 ▼] [1 ▼] [1980 ▼]
                                                    Ende [1 ▼] [1 ▼] [1980 ▼]

Aufgabenschwerpunkt

> *Hier gilt es, wie oben und zuvor argumentiert. Dabei müssen Ihre letzten Tätigkeiten vor dem*
> *aktuellen Job, den Sie jetzt innehaben, schon noch mit einer gewisssen Akribie beschrieben*
> *werden, die Tätigkeiten davor deutlich weniger. Zeigen Sie sich motiviert. Kooperieren Sie.*

Ergebnisse

> *Sicher für viele eine schwierige Frage,*
> *Sie dürfen aber keinesfalls die Antwort hier schuldig bleiben.*

Wechselmotiv

> *Natürlich ist Ihre Antwort hier von besonderer Bedeutung.*

Arbeitszeugnis vorhanden [Ja ▼]

Zeiten der Arbeitslosigkeit [Nein ▼]   *Überlegen Sie gut, ob Sie sich dieser Frage so einfach unter-*
                                          werfen. Bleiben Sie doch mal beim »Nein«. Dass das nicht
Dauer der Arbeitslosigkeit [.............] *geht bei 5 Jahren ohne Job, ist schon etwas anderes, aber*
                                          was sind schon 5 Monate – vor allem wenn es schon eine
                                          Zeit lang her ist!

Besondere Projektarbeiten

> *Unbedingt ausfüllen, Sie nutzen doch die gebotenen Chancen*
> *der Selbstdarstellung und Vermarktung Ihrer Talente, oder?*

Besondere Arbeitserfolge

> *Dito!*

Auszeichnungen

> *Auch wenn Sie nichts „Offizielles" vorzuweisen haben, können Sie etwas benennen ...*

Besondere Kenntnisse

> *Da wissen Sie doch hoffentlich, was Sie noch alles mitzuteilen haben.*
> *Nur passen muss es schon, halbwegs glaubwürdig wirken.*

Sprachkompetenz umgangssprachlich [▼]

Sprachkompetenz schriftlich [▼]

Sprachkompetenz verhandlungssicher [▼]

EDV

> *Auf jeden Fall etwas angeben!*

Führerschein [A. ▼]

Allgemeine soziale Kompetenzen

> *Gut vorstellbar, dass viele Leser hier keine Ideen haben, was sie schreiben könnten. Zurück-*
> *haltung und Bescheidenheit sind auch soziale Kompetenzen, und wenn Sie ein bisschen nach-*
> *denken und sich mit den richtigen Leuten austauschen, werden Sie etwas zu schreiben haben ...*

Besondere Führungskompetenzen

> *Nachdenken hilft und Ihr (Paten-)Kind, Partner/-in, Freunde und Bekannte, Nachbarn*
> *etc. überlassen Ihnen gerne die eine oder andere Entscheidung. Und noch etwas: In der Schule als*
> *Klassensprecher, in der Uni als Sprecher Ihres Lernteams usw. ...*

Bei Führungskräften:

Anzahl der zugeordneten Mitarbeiter (Maximalzahl) [   ]
Anzahl der zugeordneten Mitarbeiter (Durchschnitt) [   ]

Angaben zur Teamfähigkeit

> *„Gut entwickelt, keine Probleme, wenngleich Teamarbeit nicht immer ein Garant dafür ist,*
> *die optimale Lösung in kürzester Zeit zu erreichen" wäre eine schöne Antwort.*

Angaben zur Belastbarkeit

> *Selbstverständlich sind Sie belastbar!*

Berufliche Stärken

> *Natürlich nutzen Sie diese Vorlage und nennen Ihre Stärken,*
> *die Sie weiter vorne im Buch ausgearbeitet haben.*

Berufliche Schwächen

> *Aber hier bitte keine zwei Zeilen oder mehr. Ja, Sie kennen solche und arbeiten daran ...*

Sonstige relevante Kenntnisse

> *Unbedingt ausfüllen! Was sonst nicht passt – ggf. etwas umformulieren.*

Wie oft pro Woche sind Sie sportlich aktiv? [2x ▼]

Welche Sportarten?

„Immer, regelmäßig – manchmal, aber auch nicht, wenn in der Firma so viel zu tun ist ..."
Schreiben Sie, welche Sportarten Sie bevorzugen! Sogar Schach und Angeln kann aufgeführt werden ...
aber bitte nicht mit 10 Sportarten glänzen wollen, und vermeiden Sie Extremsportarten.

Ehrenamtliches Engagement

Unbedingt, für Ihre Gemeinde, Nachbarn, Verwandtschaft.

Hobbys

Bitte nicht unausgefüllt lassen.

Mitgliedschaften

Aber ja doch ...

Veröffentlichungen und Vorträge

Natürlich haben Sie mindestens schon einige Vorträge oder
PowerPoint-Präsentationen gehalten! Und immer erfolgreich!

Referenzen

Geben Sie unbedingt Referenzen an, aber bitte nicht Ihre Großmutter ...

Arbeitsproben

Gerne, auf Wunsch bringen Sie etwas zum Vorstellungsgespräch mit.

Weitere Bemerkungen/Mitteilungen

Unbedingt, das ist Ihre Chance! Aber mit Köpfchen!
Jetzt haben Sie sicher begriffen, worauf es hinausläuft ...

Ihre Chancen
wachsen

Erfolgreiches Marketing in eigener Sache

Der Einfallsreichtum bei Bewerbungen treibt gelegentlich skurrile Blüten, aber nicht jede ausgefallene Idee findet beim Adressaten den erwünschten Beifall. Der Geschäftsführer einer Werbeagentur staunte nicht schlecht, als er von einem Bewerber einen Fön mit der Aufschrift „Ich sorge für frischen Wind" in den Händen hielt. Dieser blies dem vermeintlich Kreativen scharf zurück: „Heiße Luft machen können wir selber!"

Nicht jede ungewöhnliche Bewerbungsidee führt also zum gewünschten Erfolg, indes werden Sie sicher die erwünschte Beachtung bekommen, wenn Sie den eigenen USP, das persönliche Alleinstellungsmerkmal gegenüber der Konkurrenz, verdeutlichen und in Ihrer Bewerbung ausgetretene Pfade verlassen. So signalisieren Sie geistige Beweglichkeit sowie Selbstbewusstsein. Deshalb sollten motivierte Kandidaten besonderen Wert auf eine Bewerbung mit ausgefeilter, persönlicher Note legen. Denn Ihre schriftlichen Unterlagen sind Ihre erste Arbeitsprobe, die der potenzielle Arbeitsplatzanbieter zu sehen bekommt.

Zwei Kardinalfehler lassen sich häufig beobachten: Die Bewerbungsunterlagen sind nicht ausreichend klar strukturiert bzw. im positiven Sinne wirklich informativ für den Empfänger. Dies weckt bei Personalverantwortlichen nicht gerade den Wunsch, den Bewerber kennenlernen zu wollen. Hinzu kommt: Mit einer „08/15-Bewerbung" kann man auch kaum Leistungsmotivation oder besondere Kompetenz vermitteln.

Worauf kommt es nun an und wie stellen Jobsucher ihre Persönlichkeit am besten heraus? Das Zauberwort heißt „Selbstmarketing". Aber was zeichnet ein gekonntes Selbstmarketing aus? Und wie wirbt man erfolgreich für sich und die eigenen Fähigkeiten?

Werben und Netzwerken sind die zwei Seiten einer Medaille. Ein gutes Netzwerk und dann und wann ein Mittagessen und der gemeinsame Austausch mit Förderern sind wichtige Bausteine für

Ihre Karriereplanung. Denn: Über Ausschreibungen in der Tages- und Fachpresse oder im Internet werden vielleicht gerade einmal 30 Prozent aller Jobs vergeben. Empfehlungen sind bei der Besetzung von Stellen besonders wichtig. Dafür ist gekonntes „Strippenziehen" sehr hilfreich. Für ambitionierte Bewerbungskandidaten empfiehlt es sich, in ein Netzwerk mit dem Vorsatz zu gehen, auch anderen etwas bieten zu wollen. Egoisten haben schlechte Karten. Entweder man bringt selbst Kontakte mit oder bietet etwas Besonderes an. Als Teil des Netzwerks darf niemand nur darauf warten, dass immer die anderen etwas für einen tun. Selbstmarketing bedeutet also nicht Egoismus, sondern es bedeutet, die eigenen Interessen selbstbewusst zu vertreten. Diese gut formulieren zu können, gepaart mit (persönlicher) sozialer Kompetenz, das sind essenzielle Bestandteile einer zielgerichteten und erfolgreichen, weil überzeugenden Bewerbung.

„Fare bella figura", machen Sie eine gute Figur – in Italien eine Selbstverständlichkeit! Selbstmarketing bedeutet eben auch, sich zu positionieren und sein Erscheinungsbild positiv zu gestalten. Nicht grundlos heißt es: Der erste Eindruck zählt. Ergebnisse von Kommunikationstests haben gezeigt, dass insbesondere bei Erstkontakten der äußere Eindruck zählt, also Stimme und Sprechweise und deutlich weniger der Inhalt des Gesagten.

Bei häufigeren Kontakten verschiebt sich das Ergebnis zwar in Richtung der Kompetenzen eines Kontaktpartners, aber der Ersteindruck bleibt oftmals prägend, spielt immer eine entscheidende Rolle auch im weiteren Verlauf. Deshalb ist das Image wichtig und muss stimmen.

Dazu gehören verschiedene Elemente, z. B., sich auf den persönlichen „Schönheitswettbewerb" einzulassen: sich sorgfältig kleiden, strahlen und immer seine Schokoladenseite zeigen. Eine optimistische Einstellung rüberzubringen, auch wenn es mal schwerfällt, ist ebenfalls ein Wettbewerbsvorteil. Darüber hinaus erfreuliche Ereignisse in den Vordergrund stellen zu können, Negatives einfach mal ohne Murren zu akzeptieren und trotzdem nicht alles rosarot zu sehen, sind weitere wichtige Erfolgsmerkmale, die Menschen an anderen in ihrem Arbeitsumfeld mögen. Ganz wichtig ist es außerdem, sich nicht unter Wert zu verkaufen, das kann schnell die eigene Motivation beschädigen. Und diese ist der Motor eines erfolgreichen Selbstmarketings.

Und gerade deshalb: Viele Wege führen nach Rom – eine Weisheit, die letztlich auch für Bewerbungen gilt. Mit einem bisschen Mehr an Planung, Aufmerksamkeit und Engagement ist beim Bewerben Erstaunliches zu bewirken. Dabei ist festzuhalten, dass egal ob schriftlich, digital oder persönlich, eher konservativ oder unkonventionell, aufgepeppt durch ästhetische Tricks und Kniffe oder mit zusätzlichem Infomaterial, eines ganz besonders wichtig ist: Die Persönlichkeit des Bewerbers muss erkennbar werden: Wer ist er, was kann er, was will er und was bringt er mit?

Die Initiativbewerbung

Neben der klassischen Bewerbung als Reaktion auf eine Stellenanzeige haben Sie auch die Möglichkeit, sich initiativ bei einem Unternehmen zu bewerben: Bewerben Sie sich also unaufgefordert, „eigeninitiativ", und zeigen Sie damit, dass Sie etwas bewegen, etwas Besonderes leisten wollen und können.

Das entscheidende Kommunikationsziel bei der Initiativbewerbung ist die gekonnte Beantwortung der Fragen, warum man sich gerade für dieses spezielle Unternehmen interessiert und was man Außergewöhnliches anzubieten hat. Natürlich sind das Aspekte, die bei jeder Bewerbung eine wichtige Rolle spielen, bei einer Initiativbewerbung ist dies jedoch eine ganz besondere Herausforderung, denn es kommt darauf an, einen vielleicht noch gar nicht erkannten Bedarf zu wecken.

Und das bedeutet, sehr gute Werbung in eigener Sache zu machen. Hingewiesen sei an dieser Stelle auf die AIDA-Formel aus der Werbepsychologie. Bei einer Initiativbewerbung müssen Sie sich besonders sorgfältig vorbereiten und Ihre schriftlichen Argumente klug durchdenken. Ihre Bewerbung soll bei dem Personalentscheider den unbedingten Wunsch auslösen, Kontakt mit Ihnen aufzunehmen. Die AIDA-Formel hilft.

AIDA, das bedeutet:

A	=	attention (Aufmerksamkeit für Ihre Bewerbung erzeugen)
I	=	interest (Interesse an Ihrer Person wecken)
D	=	desire (den Wunsch entstehen lassen, Sie zum Vorstellungsgespräch einzuladen)
A	=	action (die Handlungsaktivität „Einladung" provozieren)

Recherche Die Initiativbewerbung erfordert ein außergewöhnliches Marketing und Fingerspitzengefühl und zeigt im Erfolgsfalle Ihre ganz besondere Kompetenz auf verschiedenen berufsrelevanten Gebieten (Initiative, Leistungsmotivation, Persönlichkeit etc.). Am Anfang steht die Vorauswahl von Branche und potenziellen Arbeitgebern und die möglichst genaue Analyse, was wo gebraucht und gewünscht wird und wie Sie Ihr Angebot darauf ausrichten können. Nutzen Sie unbedingt das Internet für die Vorrecherche und telefonieren Sie vorab, um Informationen zu erhalten oder Ihre Bewerbung anzukündigen. Wichtig: Üben Sie das gekonnte Telefonieren, dann entgehen Sie der Gefahr, zu früh abgewimmelt zu werden.

Chancen Ihre Initiativbewerbung wird dann erfolgreich sein, wenn sie beim potenziellen Arbeitgeber auf einen gerade aktuellen Bedarf stößt, der sich genau mit Ihrem Arbeitsangebot deckt – ein Mitarbeiter fällt plötzlich aus oder es entsteht ein personeller Mehrbedarf, bedingt durch einen Großauftrag etc. Die andere Möglichkeit: Es gelingt Ihnen, durch die geschickte Präsentation Ihrer Fähigkeiten einen latenten oder neuen Bedarf überhaupt erst zu wecken.

Experten gehen davon aus, dass etwa 20 Prozent aller Arbeitsplätze über eine Initiativbewerbung besetzt werden. Personalchefs interpretieren diese Form des Vorgehens als Hinweis auf eine besonders ausgeprägte Motivation und ein stark erfolgsorientiertes Vorgehen.

Klasse statt Masse Natürlich muss gerade die Initiativbewerbung individuell auf einen speziellen Arbeitgeber zugeschnitten sein; keinesfalls darf der Empfänger das Gefühl haben, ein monotones Formschreiben vor sich zu haben, das leicht abgewandelt als Massensendung verschickt wurde.

Die sicherlich kürzeste Initiativbewerbung werden Sie noch kennenlernen: das eigene Stellengesuch (ab Seite 146). Noch einmal zur Verdeutlichung: Jedes Produkt in den Verkaufsregalen bewirbt sich bei Ihnen, dem Konsumenten, initiativ. „Nimm mich, kauf mich" lautet die Botschaft, die wir ständig sehen und hören (z. B. im Werbefernsehen). Ein Hinweis, der Ihnen den Gestaltungsspielraum für Initiativvorhaben verdeutlichen soll!

Kommentiertes Beispiel

Sehen Sie sich deshalb das folgende Beispiel einer gelungenen Initiativbewerbung an. Die Kandidatin Barbara Brünner jobbte als Au-Pair-Mädchen, Stadtführerin und Interviewerin, bevor sie Verwaltungsfachangestellte wurde. Nach einigen Jahren mit befristeten Anstellungen in Behörden, Arbeitslosigkeit und Neuorientierung lässt sie sich zur „Kauffrau in der Grundstücks- und Wohnungswirtschaft" umschulen. Nun schreibt sie eine Initiativbewerbung an einen Immobilienmakler.

Barbara Brünner

Freigasse 4
99425 Weimar
Tel.: 03643 881923
E-Mail: bbruenner@freenet.de

Immobilienbüro Bartsch
Herrn Bartsch
An der Mühle 12
99425 Weimar

Weimar, 02.03.2014

Initiativbewerbung
Kauffrau in der Grundstücks- und Wohnungswirtschaft

Sehr geehrter Herr Bartsch,

aus den Schilderungen von Herrn Gotthart sowie weiteren Bekannten habe ich einen
äußerst positiven Eindruck von Ihrer Tätigkeit gewonnen. Es reizt mich sehr, für Ihr Büro
Eigentumsobjekte zu verkaufen. Spezialwissen besitze ich über Jugendstilgebäude,
deren Vorzüge ich besonders überzeugend darstellen kann.

Als langjährige Fachangestellte in der Verwaltung besitze ich bereits Kenntnisse über
Grundstücksfragen sowie Beratungspraxis aus meiner Tätigkeit im Bürgerbüro.

Um meine beruflichen Möglichkeiten zu erweitern, erwarb ich eine zweite Qualifikation als
Kauffrau in der Grundstücks- und Wohnungswirtschaft. Schon während der Ausbildung
sammelte ich – neben meinem Praktikum in einem Immobilienbüro – erste Erfahrungen im
neuen Beruf: Ich beobachte den Markt, indem ich interessante Stadtviertel besichtige und
Bekannte darin unterstütze, eine geeignete Wohnung zu finden. Meine Beratungs- und
Begeisterungsfähigkeit wird dabei sehr geschätzt.

Weimar ist mir schon aus meiner Jugendzeit in angenehmer Erinnerung. Ich freue mich
auf ein persönliches Gespräch mit Ihnen.

Mit freundlichen Grüßen

Barbara Brünner

Anlagen

Barbara Brünner

Freigasse 4
99425 Weimar
Tel.: 03643 881923
E-Mail: bbruenner@freenet.de

Was ich Ihnen zu bieten habe ...

✓ Ausbildung als Kauffrau in der Grundstücks- und Wohnungswirtschaft
✓ Erfahrung mit der Immobilienbranche aus Praktikum und privaten Kontakten
✓ Erfahrung mit Beratung und Betreuung aus weiterer Berufspraxis
✓ Spezialisierung: Jugendstilgebäude und -inventar
✓ Einfühlungs- und Kommunikationsvermögen, Überzeugungskraft
✓ Kooperationsbereitschaft und Organisationstalent
✓ Bereitschaft, kurzfristig und flexibel zur Verfügung zu stehen
✓ Weltoffenheit und Sprachkenntnisse

Lebenslauf

Barbara Brünner

geboren am 01.03.1979 in Dessau

unverheiratet, keine Kinder, ortsungebunden

Berufsausbildung

01/2012 bis 12/2013	Umschulung zur Kauffrau in der Grundstücks- und Wohnungswirtschaft mit IKH-Abschluss *Eppenstedt Bildungsgesellschaft, Weimar*
2001 bis 2004	Berufsausbildung als Verwaltungsfachangestellte, Fachrichtung Kommunalverwaltung *Forstamt Saarlouis*

Berufspraxis

Seit 01/2014	selbstständige Vorbereitung auf eine Tätigkeit in der Immobilienbranche (Erkundung von Wohngebieten und Austausch mit Branchenangehörigen)
09/2013 bis 11/2013	Praktikantin im Rahmen der Umschulung *Immobilienbüro Walter, Weimar*
2009 bis 2011	Verwaltungsangestellte (befristet) *Bürgerbüro Saarlouis* Beratung von Bürger/-innen, v. a. in Wohnungsfragen
2004 bis 2008	Verwaltungsangestellte (befristet) *Forstamt Saarlouis* Sachbearbeitung von Genehmigungen, Grundstücks-fragen sowie Assistenz des Forstamtleiters
2000 bis 2001	Fremdsprachige Führungen sowie Befragungen in Freiburg und Saarbrücken *(freiberuflich)*

Schulausbildung

1995 bis 1997	Gymnasium in Tuttlingen
1985 bis 1995	Grund- und Oberschule in Dessau

Hobbys, Auslandsaufenthalte und Sprachkenntnisse

Impressionsistische Malerei, Architektur (v. a. Jugendstil), Volleyball

Au-pair-Aufenthalt in Spanien (1998)
Reisen durch Lateinamerika und Australien (1999)

Englisch, Französisch und Spanisch: gute bis sehr gute Kenntnisse

*Ich stehe für Fachkompetenz,
Flexibilität, Kommunikationsvermögen
und Begeisterungsfähigkeit.
Meine Berufspraxis und Lebenserfahrung
haben mir gezeigt, dass man
mit dem besonders erfolgreich ist,
was man aus vollem Herzen tut!*

Weimar, 02.03.2014

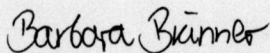

Zu den Unterlagen von Barbara Brünner

Im **Anschreiben** beschränkt sich die Bewerberin auf das Wesentliche. Nachvollziehbar beschreibt sie, weshalb sie sich für die Maklertätigkeit begeistern kann: Die Kandidatin setzt die persönliche Verbindung mit dem Ansprechpartner ihrer Bewerbung geschickt ein, weist auf ihre Spezialität hin und fasst die wesentlichen Aspekte ihrer Qualifikation und Praxiserfahrung zusammen. Mit dem abschließenden Satz verstärkt sie ihr persönliches Interesse am Einsatzort. Die Gliederung ihres Schreibens ist sehr übersichtlich, die Betreffzeile findet sofort die Aufmerksamkeit des Lesers.

Dem **Lebenslauf** hat die Bewerberin ein Deckblatt vorangestellt, das ein interessantes Foto von ihr enthält. Auch die Unterschrift wirkt positiv. Die folgende Liste fasst zusammen, was Frau Brünner dem Immobilienbüro an Qualifikation, Praxis und sozialen Kompetenzen anzubieten hat – so beweist sie Selbstbewusstsein und Kreativität. Sie ordnet ihre Laufbahn nach dem amerikanischen System an, das Aktuelle – in diesem Fall auch das Wichtige – zuerst. Sie schließt hier aber auch ihre Ausbildung zur Verwaltungsfachangestellten ein, weil diese in die gleiche Kategorie gehört. Geschickt löst sie ihr Problem des fehlenden Abitur-Abschlusses, indem sie diesen einfach nicht erwähnt. Bei allen Daten (außer den neuesten) gibt sie die Jahreszahlen an, wodurch Lücken verdeckt werden. Bei ihrer Berufspraxis als Verwaltungsfachangestellte führt sie Schwerpunkte auf, die ihre Ausrichtung erläutern. Hobbys und Auslandsaufenthalte sowie Sprachkenntnisse sind zusammengefasst. Besonders überzeugend wirkt der hervorgehobene Absatz „Ich stehe für ...", mit dem Frau Brünner nochmals betont, was sie auszeichnet, und ihr Lebensmotto darstellt. Im hier aus Platzgründen nicht gezeigten Anlagenverzeichnis finden sich übersichtlich alle wesentlichen Ausbildungs- und Arbeitszeugnisse.

Einschätzung: Ein gelungenes Beispiel einer Initiativbewerbung mit Charme und Charakter! Und das bei einer Kandidatin, die keinen „idealen" beruflichen Werdegang vorweisen kann.

Die Kurzbewerbung

Das entscheidende Merkmal dieser Bewerbung ist – wie der Name schon sagt – ihre Kürze; der Empfänger wird schnell über den Bewerber informiert und kann spontan entscheiden, ob er nun mehr sehen möchte. Eine Kurzbewerbung kann unterschiedlich umfangreich sein. In der Regel verfassen Sie aber nur ein kurzes Anschreiben und nennen Ihre wichtigsten Lebenslaufdaten. Dateianhänge sind bei dieser Form unüblich (siehe auch Seite 106). Aber gerade bei der Kurzbewerbung kommt es auf jedes Detail an und das Verfassen kurzer, prägnanter Texte benötigt oft etwas mehr Zeit. Bereiten Sie sich auf diese Bewerbung genauso gründlich vor wie auf die ausführliche Variante. Kurzbewerbungen eignen sich nur für eine bestimmte Bewerbergruppe – für Spitzenverdiener und besondere Leistungsträger kommen sie eher weniger infrage.

Das Stellengesuch

Fast könnte man sagen: Beim Thema E-Bewerbung kommen Sie am Stellengesuch nicht vorbei. Es ist eine gute, zumindest ergänzende Möglichkeit zur Selbstdarstellung. Natürlich kommt es vor allem darauf an, wie man sich als Stellensuchender präsentiert. Viele Gesuche sind recht eintönig, geradezu langweilig, und darüber hinaus wenig aussagekräftig formuliert. Das, was die Inserenten potenziellen Arbeitgebern z. B. in der Zeitung anbieten, bleibt oft farblos und austauschbar. Die Folge: Die Anzeige löst bei den meisten Personalentscheidern eher ein Achselzucken aus als den Wunsch, mit dem Inserenten Kontakt aufzunehmen.

Ausgangspunkt und Basis der Gestaltung eines erfolgreichen Stellengesuchs sind kurze, prägnante Antworten auf die Fragen: Was bin ich? Was kann ich? Was will ich?

Ihr Stellengesuch sollte außerdem zwei Bedingungen erfüllen: Die Überschrift sollte bereits neugierig machen. Und der gesamte Text muss eine hohe Zahl von relevanten Informationen transportieren und damit seine Leser für Sie gewinnen. So gehen Sie vor:

Schritt 1:   Suchen Sie eine geeignete Internetseite.

Schritt 2:   Nehmen Sie Stellengesuche und -angebote auf der Internetseite gründlich unter die Lupe.

Schritt 3:   Formulieren Sie einen Text mit dichtem Informationsgehalt.

Schritt 4:   Formulieren Sie eine gute Überschrift.

Schritt 5:   Versetzen Sie sich in die Lage eines Personalleiters, der Stellengesuche meist nur überfliegt.

Es ist aber anzumerken, dass mit der Vielzahl an verfügbaren Onlinejobbörsen, die eine gezielte, selbst initiierte Suche nach geeigneten Stellen stark vereinfacht (siehe Seite 30), die Bedeutung von eigenen, traditionellen Stellenanzeigen tendenziell abnimmt.

Aufwand Haben Sie ein wenig Geduld. Bis zu drei Versuche sollten Sie sich schon gönnen. Ein eigenes Stellengesuch lässt sich nicht in zwanzig Minuten texten. Planen Sie lieber einen ganzen Nachmittag dafür ein. Lassen Sie den Entwurf über Nacht liegen und sehen Sie ihn sich am nächsten Morgen nochmals an. Hält er Ihrem kritischen Blick stand? Dann legen Sie Ihre Anzeige einer von Ihnen ausgewählten „Prüfungskommission" zur kritischen Beurteilung vor.

PowerPoint

Wann empfiehlt sich eine Bewerbung mit PowerPoint? Sicherlich kann man mit einer solch kreativen Bewerbung punkten, insbesondere dann, wenn für den entsprechenden Arbeitsplatz gute PowerPoint-Kenntnisse erforderlich sind. Aber auch bei Arbeitsplätzen, die eine allgemeine sichere Selbstdarstellung voraussetzen, kann eine Bewerbung als PowerPoint-Präsentation sinnvoll sein.

Gestaltung Gestalten Sie entsprechend den Erwartungen der Zielgruppe eine kompetente und gleichzeitig unaufdringliche Selbstpräsentation. Ein besonderer Kniff kann die Verwendung der Hausfarben oder des Firmenlogos sein, das Sie dezent in Ihre Präsentation einbauen. Stellen Sie auch die richtige Präsentationsdauer pro Folie ein und testen Sie die Zeiteinstellungen der Folienübergänge im Freundeskreis.

Zeigen Sie sich kompetent im Umgang mit PowerPoint, ohne dabei den Bogen zu überspannen: Stellen Sie technische Spielereien nicht zwanghaft in den Vordergrund, denn nicht alles, was technisch machbar ist, muss auch wirklich zu Ihrer Präsentation passen. Benutzen Sie nur die Animationen, Grafikeffekte oder Soundoptionen, die Ihre Botschaft unterstützen und diese nicht gnadenlos überdecken. Viel wichtiger ist eine fesselnde Dramaturgie – ein überraschender Start, der in einen spannenden Mittelteil übergeht und Ihre Präsentation mit einem überraschenden Paukenschlag enden lässt.

Machen Sie sich bewusst, dass bei Bewerbungen im Design- und Grafikbereich sicherlich höhere Anforderungen an die gestalterischen und technischen Fähigkeiten gestellt werden als z. B. im medizinischen, juristischen oder kaufmännischen Bereich.

Format und Umfang Eine Präsentation in PowerPoint kann technisch „verpackt" werden, sodass der Empfänger nicht unbedingt das entsprechende Office-Programm der Firma Microsoft benötigt. Hier gilt es bei Bedarf Expertenrat einzuholen, um auch wirklich alle sinnvollen Möglichkeiten von PowerPoint zu nutzen. Ein Versand Ihrer Präsentation per E-Mail darf nicht die üblichen Größen von etwa 2 bis 3 Megabyte überschreiten. Im Folgenden ein gelungenes Beispiel einer Power-Point-Präsentation:

Kommentiertes Beispiel

Bewerbung | Sandra Schelling

Einfach, aber effektvoll startet Sandra Schelling ihre Bewerbungs-
präsentation. Zuallererst präsentiert sie lediglich „Bewerbung" und
ihren Namen.

Bewerbung | Persönliche Daten

Sandra Schelling

Ferdinand-von-Schill-Str. 2
10231 Berlin

Geburtsdatum
30.06.1986

Kontakt
+49 89 21554422
s.schelling@gmx.de

Sandra Schelling | Bewerbung als PR-Leiterin | Dezember 2014

Auf dem nächsten Chart präsentiert sich Sandra Schelling mit einem sympathischen Foto und den üblichen, wenn auch etwas gekürzten Sozialdaten. Sicher wäre noch genug Platz gewesen, um den Geburtsort mitzuteilen, andererseits ist die Konzentration auf das wirklich Wesentliche auch nicht schlecht. Neben der Kopfzeile, die beibehalten wird, ist jetzt eine Fußzeile eingeführt, die geschickt Namen und Position der Kandidatin plus Datum verbindet.

Bewerbung | Anschreiben

Sehr geehrter Herr Reuther,

auf Empfehlung von Herrn Fischer wende ich mich direkt an Sie und überreiche Ihnen meine Bewerbungsunterlagen.

Aus persönlichen Gründen strebe ich eine Tätigkeit im Raum Stuttgart an.

Meine Arbeits- und Fähigkeitsschwerpunkte liegen auf den Gebieten PR, Marketing und Organisation.

Über die Gelegenheit zu einem persönlichen Gespräch freue ich mich sehr.

Mit freundlichen Grüßen aus Berlin

Sandra Schelling

Sandra Schelling | Bewerbung als PR-Leiterin | Dezember 2014

Jetzt folgt das sogenannte Anschreiben: kurz, knapp, aber präzise mit eingescannter Unterschrift und den freundlichen Grüßen aus der Hauptstadt.

Curriculum Vitae

Wir kommen zum Lebenslauf oder eben Curriculum Vitae, dem der Betrachter (Empfänger) jetzt sehr schnell entnehmen möchte, von welcher Position aus sich Sandra Schelling bewirbt.

CV | Beruflicher Hintergrund

seit Juni 2013
Greenpeace Deutschland, Berlin
Leitung Öffentlichkeitsarbeit und Spendenmarketing
• Erhöhung der Spendeneinnahmen um ca. 8 Prozent/Jahr
• Mitarbeiterschulung für öffentliche Auftritte

Januar 2012 – Mai 2013
Schering, Berlin
Assistentin der Geschäftsführung
• Organisation und Koordination von PR-Terminen
• Leitung der Hauszeitung „Schering Aktuell"

März 2008 – Dezember 2011
Agentur ddb, Berlin
PR-Referentin
• Ausarbeitung von PR-Kampagnen
• Koordination von PR-Aktivitäten und Erfolgsmessung

Der CV/berufliche Hintergrund vermittelt die wichtigsten Berufs-stationen auf interessante Weise!

CV | Ausbildung

2004 – 2008
Universität der Künste, Berlin
Studium Gesellschafts- und Wirtschaftskommunikation
• Hauptfach: Verbale Kommunikation
• Diplomthema: „Vergleich der PR in Deutschland und
  in den USA" (Note 1,3)

1992 – 2004
Albert-Einstein-Schule, Berlin
Allgemeine Hochschulreife
• Leistungskurs: Deutsch
• Redaktionsmitglied der Schülerzeitung „Rotstift"

CV | Besondere Kenntnisse

Sprachen
Deutsch: Muttersprache
Englisch: Verhandlungssicher
Französisch: Verhandlungssicher
Spanisch: Grundkenntnisse

EDV
MS-Office
Adobe Photoshop

Hobbys
Computer-Grafik, Verfremdung von Bildern, Fraktalgrafik
Bergwandern in den Alpen
Management-Literatur, u. a. von Stephen R. Covey

Sandra Schelling | Bewerbung als PR-Leiterin | Dezember 2014

Auf dem nächsten Chart sehen wir den Ausbildungshintergrund, gefolgt von der Rubrik „Besondere Kenntnisse". Hier wird die Persönlichkeit der Kandidatin greifbarer. Ob man auf Deutsch als Muttersprache gesondert hinweisen sollte, liegt sicherlich im Ermessensspielraum. Es ginge auch gut ohne.

Profil

Jetzt wird das Profil angekündigt und löst zweifelsohne Neugier aus. Was erwartet uns auf dem nächsten Chart?

Profil | Lebensphilosophie

Inveniam viam aut muniam

Ich finde einen Weg oder ich baue mir einen

Sandra Schelling | Bewerbung als PR-Leiterin | Dezember 2014

Die Lebensphilosophie. Ganz schön mutig!

Profil | Ich über mich

Ich bin
PR-Profi mit fundierter Erfahrung in Öffentlichkeitsarbeit, Marketing und Organisation (inkl. Personalverantwortung sowie Auswahl und Training von multikulturellen Teams).

Ich habe
mehr als eine Stärke, meine wichtigste aber ist eine hohe Kommunikationsfähigkeit; auch meine Fremdsprachenkenntnisse helfen mir ganz wesentlich dabei.

Ich will
eine neue berufliche Herausforderung in einer international agierenden Firma, eine hauptverantwortliche Führungsposition, die absolut leistungsgerecht honoriert wird.

Sandra Schelling | Bewerbung als PR-Leiterin | Dezember 2014

Es folgen drei weitere interessante Aussagen. Sicher alles Geschmackssache, aber von Erfolg gekrönt!

Vielen Dank für Ihre Aufmerksamkeit.

Und dann der Abschluss. Eine gelungene, beeindruckende Präsentation. So etwas weckt Interesse!

Die eigene Homepage

Stellen Sie Ihre eigene Homepage ins Internet, auf der Sie sich den potenziellen Arbeitgebern präsentieren. Durch diese digitale Visitenkarte erfahren die Entscheider mehr über Sie und Sie fallen auf. Das ist ein nicht unwesentlicher Aspekt, wenn man bedenkt, dass man sich mit einer Bewerbung oft gegen mehrere Hundert Konkurrenten durchsetzen muss. In Ihren schriftlichen Bewerbungsunterlagen weisen Sie dann auf Ihre Seite im Internet hin.

Allerdings sollten Sie bedenken: Bei einem kleinen, eher konservativen Unternehmen mag so eine Selbstpräsentation vielleicht etwas protzig wirken. Wer sich aber im Computer- oder Multimediabereich bewirbt, von dem wird eine eigene Webseite fast schon erwartet. Es ist an Ihnen, hier eine realistische Einschätzung zu finden.

Generell gilt: Eine für Ihre Bewerbung als Unterstützung konzipierte Homepage sollte auf keinen Fall farblich und inhaltlich überladen sein oder gar mit lustigen Urlaubsbildern sowie Lieblingswitzen ausgeschmückt werden. Ihr Ziel ist, sich prägnant, kompetent, hoch motiviert und sehr sympathisch zu präsentieren. Nutzen Sie die Internetsuche und finden Sie Homepages, die ebenfalls zu Bewerbungsunterstützungszwecken erstellt worden sind. Schauen Sie sich deren Gestaltung sowie die inhaltlichen Schwerpunkte an.

Technische Umsetzung Sie benötigen ein entsprechendes Webeditor-Programm wie z. B. Microsoft Frontpage. Es ist auch möglich, bei PowerPoint oder Word die erzeugten Seiten im Format HTML abzuspeichern, jedoch zeigt dieser erzeugte Code gewisse Schwächen bei bestimmten Webprogrammen. Abseits davon bieten manche Internetanbieter einfache Webeditoren als leicht bedienbare Onlinetools an, die Ihnen beim Kauf Ihrer Internetadresse kostenlos zur Verfügung gestellt werden. Die meisten Internetprovider bieten übrigens eigene Homepages als kostengünstigen Service für ihre Kunden an. Wenn Ihnen die grafische Gestaltung und technische Umsetzung Ihrer Homepage zu viel Mühe macht und das Ergebnis vermutlich eher laienhaft wäre, lohnt es sich in jedem Fall, einen professionellen Webdesigner zu beauftragen.

Gehen Sie auf Nummer sicher Testen Sie Ihre Seiten auf unterschiedlichen Computern, mit verschiedenen Webbrowsern und unterschiedlichen Bildschirmauflösungen. Nur so können Sie wissen, dass Ihre Homepage auch wirklich fehlerfrei online gehen kann.

Inhaltliche Umsetzung Zu den Inhalten einer Homepage gehören: Eine Kurzvorstellung der eigenen Person mit den wichtigsten Daten, ein Lebenslauf, den man dann auch direkt ausdrucken kann, sowie ausgewählte Zeugnisse und eventuell Arbeitsproben (Fotos, Texte etc.). Selbstverständlich können Sie sensible Daten wie Zeugnisse oder Arbeitsproben durch ein Passwort geschützt nur einer speziellen Personengruppe zugänglich machen. Dieses Passwort übermitteln Sie dann einfach zusammen mit Ihren Bewerbungsunterlagen.
Überlegen Sie sich gut, ob Sie aufwendige Animationen oder umfangreiche multimediale Inhalte in Ihre Seite integrieren wollen. Das kostet die Besucher oft unnötig viel Zeit. Verwenden Sie ein Layout, das den Erwartungen Ihrer Zielgruppe entspricht und trotzdem Ihre eigene Persönlichkeit angemessen präsentiert.

Domainname Die beste Variante ist eine Webadresse, die den eigenen Namen enthält, also z. B. www.sandra-schelling.de für eine Homepage von Sandra Schelling. Welche Namen mit dem Abschlusskürzel „de" noch nicht vergeben sind, erfahren Sie unter www.denic.de. Es ist auch möglich, bei Anbietern wie T-Online oder AOL seine eigene Homepage hochzuladen, jedoch erscheint man dann nicht mit der eigenen Domain, sondern in einem etwas versteckten Unterverzeichnis.

Sechs Regeln für die perfekte Homepage

1. Weniger ist mehr. Versuchen Sie nicht durch eine übermäßige grafische Gestaltung, sondern durch eine zweckmäßige und trotzdem kreative Präsentation aufzufallen.
2. Stellen Sie wichtige inhaltliche Punkte gut sichtbar sowie leicht erreichbar in den Vordergrund.
3. Vergessen Sie nicht, auch etwas über Ihre Persönlichkeit zu kommunizieren, und vermeiden Sie Links zu zweifelhaften Internetseiten.
4. Auch Ihre direkten Kontaktmöglichkeiten sollten stets leicht auffindbar sein.
5. Achten Sie auf Metatags, damit Ihre Homepage von den Suchmaschinen möglichst leicht gefunden wird.
6. Halten Sie die Daten und die Gestaltung Ihrer Homepage stets auf dem aktuellen Stand.

CD, DVD und Video

Ein Weg zur Traumstelle, der immer beliebter wird, führt über die Videobewerbung.

Was für das Unternehmen die Karrierewebsite ist, ist für Sie die Bewerbung mittels Video. Ein Hauptgrund für die Einstellung eines Kandidaten sind neben seiner fachlichen Qualifikation seine viel beschworenen Soft Skills (also alles, was zwischenmenschlich notwendig ist, um in einem Unternehmen erfolgreich zu sein) und die Sympathie. Wenn schon das Foto auf einer Bewerbung für Personaler wichtig ist – wie viel mehr können Sie durch ein ganzes Video erreichen! Mit einer guten Vorbereitung haben Sie es in der Hand, einen Personaler von sich zu überzeugen. Eine aufrechte Körperhaltung, ein direkter offener Blick, ein Lächeln und ein Text, der in zwei Minuten auf den Punkt bringt, weswegen Sie die beste Wahl sind, gepaart mit seriöser Kleidung vor einem geeigneten Hintergrund zeigen Ihr Engagement, Ihr Auftreten und Ihre Überzeugungskraft. Amerikanische Bewerber, die die Videoplattform YouTube für ihre Karrieregestaltung nutzten, haben weltweit Nachahmer gefunden. Die Videobewerbung wird auch bei Unternehmen immer beliebter. Natürlich gehört die Videobewerbung zu den neueren und hierzulande noch eher selten verwendeten Bewerbungsformen. In kreativen Branchen wird sie sicherlich schon häufiger eingesetzt als in eher konservativen Geschäftsfeldern. Es gibt einige Internetplattformen, die Privatvideos zu den unterschiedlichsten Themen sammeln und verwalten, beispielsweise www.youtube.com.

Aufmachung Eine Videobewerbung muss kurz, sehr informativ und recht spannend sein und schon durch die Machart die (job-)relevanten Facetten des Bewerbers zeigen. Langatmige atmosphärisch schöne Einleitungen sollte man unbedingt vermeiden, stattdessen die Verbindung zwischen Firma und Bewerber begründen. In Amerika gibt es bereits Agenturen, die diese Bewerbungen auf Wunsch mit potenziellen Arbeitgebern verlinken – eine Vorgehensweise, die auch in Deutschland eine Überlegung wert ist. Die Videobewerbung kann aber sicherlich nur ein Teil Ihrer vollständigen Bewerbung inklusive schriftlicher Unterlagen sein.
Wer sich die Umsetzung selbst zutraut, bekommt technische Unterstützung beispielsweise in Gestalt der Software der Firma CVone (zu finden unter www.gocvone.com). Laut Aussage des Erfinders Steve Riedel verkürzt eine Videobewerbung den Entscheidungsprozess um 50–80 Prozent – bares Geld für die Unternehmen. Die Software ist in drei Teile gegliedert. In einem ersten Teil erhält der Bewerber die Möglichkeit, seine Unterlagen hochzuladen. Sie können später vom Personaler ausgedruckt werden. Für die eigentliche Bewerbung steht dem Bewerber ein Textfeld zur Verfügung, in dem er den Text, den er sprechen möchte, verfassen kann. Über seine eigene Webcam oder eine Webcam der Firma kann er seine Bewerbung filmen, so oft er möchte. Eine große Erleichterung ist hierbei

der eingebaute Teleprompter, auf dem er den von ihm verfassten Text ablesen kann. Die Besonderheit: Man kann bis zu zehn Videos mit bis zu fünf Minuten Länge (was nicht zu empfehlen wäre, weil viel zu lang!) aufnehmen und sie nach Themen betiteln („Meine berufliche Laufbahn", „Meine Auslandserfahrungen", „Meine Interessen"). Nach der Aufnahme bietet die Software alle nötigen Werkzeuge zur Videobearbeitung inklusive verschiedenen Layouts für die Bewerbung an. Ein Import eines externen Videos ist natürlich ebenso gut möglich.

Aufwand Der technische und zeitliche Aufwand für die Herstellung eines gut gemachten Videos ist nicht zu unterschätzen. Für einen zweiminütigen, professionell gemachten Bewerbungsfilm müssen Sie einige Tage Arbeit einplanen. Zunächst müssen Sie eine Idee davon entwickeln, was Sie in dieser Selbstdarstellung an Botschaften vermitteln wollen. Welchen Eindruck soll der Empfänger von Ihnen haben?

Sie entscheiden, ob Sie sich in Ihrem Lieblingssessel sitzend oder im Park laufend filmen lassen, während Sie den Zuschauer möglichst natürlich und glaubhaft von Ihrem Angebot zu überzeugen versuchen. Dabei sind Ihr Auftritt (Outfit) und das Umfeld durchaus von Bedeutung. Filmisch sind dabei einige Dinge zu beachten: Bildkomposition, Tonqualität, Lichtverhältnisse.

Mögliche Elemente Ihrer Videobewerbung:

> Filmsequenzen
> Musik
> Texte
> Animationen
> Grafiken

Lassen Sie sich helfen, es gibt genug Profis auf diesem Gebiet. Besuchen Sie entsprechende Internetforen sowie Expertenseiten im Netz.

Professionelle Hilfe Unter http://digitalvideoschnitt.de erhalten Sie viele technische Informationen zur Videoerstellung und mithilfe von Suchmaschinen finden Sie entsprechende Anbieter für die Videoproduktion. Sollten Sie ein absoluter technischer Laie sein, so können Sie auch sämtliche Arbeiten – von der Kreation bis zur Produktion – an eine entsprechende Multimediaagentur abgeben. Diesen Weg sollten Sie aber nur gehen, wenn von Ihrem zukünftigen Arbeitsplatz keine entsprechenden Multimedia-Kompetenzen erwartet werden, da Ihre Bewerbung ansonsten als unglaubwürdig betrachtet werden könnte.

Die Kosten für eine solche Produktion können bis mehrere Hundert Euro betragen. Dafür können Sie sich inhaltlich auf Ihren Auftritt und die Gesamtdramaturgie konzentrieren. Einige Minuten frei über sich zu sprechen ist nicht einfach. Probieren Sie es spontan aus! Die Länge Ihres Films sollte fünf (besser drei!) Minuten nicht übersteigen.

Inhalt Das Video soll einen Beleg für Ihre berufliche Kompetenz, Ihre Leistungsbereitschaft sein und Sie als einen ernst zu nehmenden sympathischen Bewerber zeigen. Vergessen Sie deshalb nicht, Ihre Wesensart (Persönlichkeit) passend zum jeweiligen Job zu vermitteln.

Ein Beispiel: Sie bewerben sich mit Ihrem Video als Koch bei einem Restaurant. Dann kann es durchaus interessant sein, ein passendes kleines Gericht zu kochen und dies per Video festzuhalten. Zeigen Sie sich hierbei von Ihrer sympathischsten Seite und wählen Sie ein Gericht, das auch der zukünftige Arbeitgeber gern von Ihnen gekocht haben möchte.

Fünf Regeln für das perfekte Video

1. Erstellen Sie vorab einen kleinen Drehplan, in dem die unterschiedlichen Drehorte, die verschiedenen Einstellungen, die jeweilige Kulisse, die Statisten sowie andere wichtige Details festgehalten sind.

2. Denken Sie daran, dass Ihr Video nicht zu lang wird und auch in einem Format übermittelt werden kann, das der Empfänger lesen/anschauen kann.
3. Halten Sie die Balance zwischen einer kreativen Performance und der Übermittlung Ihrer beruflichen Kompetenz.
4. Generell sind Videos ein Medium zur Übertragung von bewegten Bildern, was Sie berücksichtigen sollten.
5. Testen Sie im Zweifelsfall die Wirkung Ihres Videos im Freundes-, Kollegen- und Bekanntenkreis.

Übermittlung Vermeiden Sie das Verschicken eines Videos per E-Mail. Nehmen Sie sich die Zeit und brennen Sie alles auf CD oder DVD, inklusive einer entsprechenden Gestaltung dieser Trägermedien und der Hülle. Eine weitere Möglichkeit wäre die Präsentation Ihres Videos auf Ihrer Homepage.

Was Sie noch wissen sollten

Das Autorenteam Hesse/Schrader ist seit über 30 Jahren auf dem Sektor der Bewerbungsratgeber sowie zu weiteren Themen aus der Arbeitswelt publizistisch tätig und hat im Laufe dieser Zeit mehr als 200 Bücher veröffentlicht. Viele davon liegen auch als Taschenbuchausgabe vor. Am Anfang stand die erstmalige Veröffentlichung aller gängigen sogenannten Intelligenztests und deren kritische Reflexion in dem Buch *Testtraining für Ausbildungsplatzsucher* (1985) – allein dies inzwischen mit einer Gesamtauflage von knapp einer Million Exemplaren. Beide Autoren verfügen über eine langjährige Erfahrung als Seminarleiter bei Test- und Bewerbungstrainings. 1992 gründeten sie in Berlin das *Büro für Berufsstrategie*, das Arbeitnehmer in allen erdenklichen beruflichen Fragen berät und unterstützt. Mittlerweile gibt es Büros für Berufsstrategie auch in Frankfurt a. M., Stuttgart, München, Köln, Wiesbaden und Hamburg.

Stichwortverzeichnis

eBook inklusive:
So erhalten Sie Ihr eBook

1. Gehen Sie auf die Seite **ebooks.stark-verlag.de**.

2. Wählen Sie im Menü links **Beruf & Karriere** aus und rufen Sie den Punkt **exakt – Basiswissen** auf und klicken Sie Ihr Buch an.

3. Packen Sie Ihr eBook (PDF) in den **Warenkorb**.

4. Geben Sie im Warenkorb in das Feld **Rabattcodes** den unten stehenden Code (bitte freirubbeln) mit den Bindestrichen ein und klicken Sie auf **Rabattcode einlösen**, der Preis im Warenkorb wird dadurch auf „0,00 €" gesetzt.

5. Gehen Sie jetzt zur **Kasse** – falls Sie noch nicht eingeloggt sind, loggen Sie sich jetzt ein oder melden Sie sich neu an – und schließen Sie danach den Bestellvorgang ab. Bei den Zahlungsinformationen erscheint „Keine Zahlungsinformationen benötigt"; indem Sie den AGBs zustimmen und auf den Button **Zahlungspflichtig bestellen** klicken, schließen Sie den Vorgang ab, ohne dass Ihnen für das eBook eine Zahlungspflicht entsteht.

6. In der Rubrik **Meine eBooks** finden Sie Ihr eBook jetzt zum Download, es steht Ihnen bei jeder weiteren Anmeldung zum erneuten Herunterladen zur Verfügung.

B+K_E10140-000.680